Digital Transformation

DX

時代の
サービスマネジメント

"デジタル革命"を成功に導く新常識

官野 厚
Atsushi Kanno

技術評論社

はじめに

　2018 年 9 月に経済産業省が公表した DX レポートには、『IT システム「2025 年の崖」の克服と DX（デジタルトランスフォーメーション）の本格的な展開』という副題が添えられており、「もし、新たなデジタル技術を活用して新たなビジネスモデルを創出・柔軟に改変する DX が実現できなければ、2025 年以降、最大年間 12 兆円の経済損失が生じる可能性がある」と主張しています。このレポートにより、日本のデジタルトランスフォーメーション（Digital Transformation：DX、デジタル革命、以下、「DX」または「デジタル革命」と記述）は始まりました。

　デジタル革命とは、コンピューターなどのデジタル技術を使って、現在の産業構造やビジネスモデルに変革をもたらし、企業が競争上の優位性を獲得することです。このレポートの目的は、目まぐるしく変化するグローバルな市場で日本企業が生き残れるように、社内改革や新たなビジネスモデルの創造を促すことです。このレポートによって刺激された多くの企業は今、競争力をもたらしてくれるであろう AI、ビッグデータ、IoT などのデジタル技術を利用した新たな商品の開発に力を注いでいます。

　しかし、デジタル革命の時代（以下、「DX 時代」と記述）に企業が生き残るためには、デジタル技術だけでは十分ではありません。市場の変化に迅速に追随できるスピードも必要です。さまざまなデータから導き出される事実に基づいて適切な判断をすみやかに行い、前進することが求められています。

　とは言っても、将来を予測することは困難であり、常に正しい判断を下せるわけではありません。状況の変化や判断の誤りに気づいた時には、躊躇なく新たな方針を示し、機敏に軌道を修正していかなければなりません。つまり、市場のニーズを敏感に察知して、顧客が求めている商品をいち早く供給し、市場の変化に応じて他者よりも早く対処することも求められているのです。

　また、世界の市場にも目を向ける必要があります。携帯電話やデジタルテレビにおいて、日本の企業は優れた技術を持ちながら、世界規模でみると必ずしも成功したとは言えません。グローバルに展開しなければ、規模の経済によって、やがて追いつかれ追い越されてしまいます。

　これらの課題を企業の一部門だけで克服することは困難です。すべての部門

が連携しなければなりません。サービスマネジメントの手引きとして知られている ITIL® の最新版は、「サービスの価値の流れ（サービスバリューストリーム）にフォーカスを当てるべきだ」と主張しています。企業に流れている価値の流れとは、いったい何なのでしょうか。その価値の流れは、営業、企画、技術、そして、経営層も含むすべての人の目の前を流れています。その流れを知ることこそ、DX 時代に企業が勝ち残る術（すべ）なのです。

　技術革新のスピードも情報拡散のスピードもかつてないほど速く、時代はさらに先のステージに進もうとしています。本書は、企業間の競争が以前とは別の次元でなされていること、そして、日本の企業には**機敏に行動する能力**が求められていることをお伝えしたく筆を執りました。

本書の構成

　本書は、現代の成長企業がなぜ成功しているかについて解説します。DX 時代のサービスマネジメントには、さまざまな側面があります。象に触れた盲人たちが、それぞれにまったく異なる印象を持ったというインドの寓話のように、ある側面だけに囚われてしまうと局所的な投資がなされ、組織を十分に進化させることができません。立場によって違って見えるデジタル革命の風景を多面的に捉えるために、本書は多様なテーマで構成されています。

　章の構成を大きく捉えると、最初の 3 章は本題に入る前の準備作業です。それぞれ「デジタル革命」、「サービスマネジメント」、そして「リーン」に関する簡単な紹介をします。また、第 6 章では今注目すべき IT 領域の技術（以下、「技術」、「情報技術」または「テクノロジー」と記述）を紹介し、説明します。第 4 章では営業や企画に関連する話題、第 5 章では IT サービスの開発や運用に関する課題、第 7 章では経営に関する話を扱っています。

　次ページの図は、計 7 章の関係を概念的に表わしています。DX 時代にいかにして競争優位性を獲得していくかを第 4 章で考え、第 5 章でそれをいかに実現するかについて解説し、そのために経営層に求められることを第 7 章で説明します。DX 時代に競争で生き残るための組織の姿を、あらゆる職種の皆様に感

じ取っていただきたいと考えています。そのため、できるだけたくさんの図表やグラフを差し込んだり、各章の最後にまとめを入れるなどの工夫をしました。

● 各章のテーマ

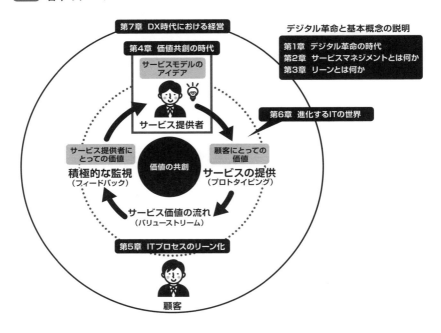

第1章　デジタル革命の時代

　デジタル革命が何かについて説明します。最初にこれからお話しするテーマの時代背景について共通の理解を図ることがこの章の目的です。

第2章　サービスマネジメントとは何か

　サービスマネジメントの概念とその目的について説明します。読者の皆様にサービスマネジメントの役割とその重要性を理解してもらうことがこの章の目標です。

第3章　リーンとは何か

　リーンという思想が生まれてきた背景や、なぜリーンが企業経営にとって重要な

のかについて説明します。企業が利益を生みながら存続していくために目指すべき組織の状態を考えていきます。

第4章　価値共創の時代

　サービス価値の創造を主なテーマとして扱っています。なぜ企業に、顧客と長期的な関係を築くことが求められているかについて説明します。機能や品質で商品の差別化を行っていた時代から、顧客の感情や好みに訴える時代に移りつつある市場のトレンドを理解していただくことがこの章の目標です。

第5章　ITプロセスのリーン化

　サービスの価値の流れにフォーカスを当てます。リーン思考とその実践について説明し、現代の企業がITの領域で取り組むべき課題について解説します。

第6章　進化するITの世界

　この数年で少しずつ市場に普及しはじめた、次の変革を予感させるいくつかのテクノロジーを紹介します。この10年の間に、ITの世界で何が起こっているのかを説明します。

第7章　DX時代における経営

　サービスマネジメントに経営層が関わることの重要性を説明します。近年、公表されたデータを使って、経営者に求められていることについて議論します。

　この本が、日本の企業が予測不能なこの時代の中で生き残るための課題について、読者の皆様が考えるきっかけになることを願っています。

2020年10月

オリーブネット株式会社

官野　厚

第1章　デジタル革命の時代

第2章　サービスマネジメントとは何か

第3章　リーンとは何か

第4章　価値共創の時代

本書のまとめ

付録

第1章
デジタル革命の時代

　デジタル革命（DX）は、「IT が人々の生活をあらゆる面でより良い方向に変化させる」という意味で使われ始めたと言われています。たしかに、高度に発達したデジタル技術を企業活動や生活の場に応用すれば、私たちの生活は便利で豊かなものになるのかもしれません。

　しかし、その一方で、今まで存在していた産業が衰退したり、機械が人の代わりに仕事をするようになって働く場が失われつつあることも事実です。デジタル革命は、すべてを良い方向に向かわせるわけではなく、ほんの一握りの人たちにとっての良い方向に向かっているだけなのかもしれません。私たちはまず、デジタル革命と言われるこの大きな社会変革の本質をより深いレベルで理解する必要があります。

◗◗◗ **デジタル革命を支える主要なデジタル技術**

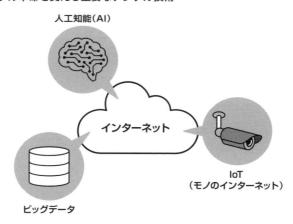

1.1
デジタル革命（DX）とは

　デジタル革命（DX）とは、人工知能（AI）やビッグデータなどのデジタル技術によって、新たな製品やサービスが生まれ、既存の事業や産業を破壊するという社会構造の変革です。この時代を生き残るために、組織には急激な変化にも柔軟に対応できる敏捷性と、他よりも早く進化できる能力が求められています。

新たなビジネスの創出と既存産業の衰退

　カメラがアナログからデジタルに移り、フィルム産業が消滅しました。オンラインで音楽が配信されるようになり、レコード業界が衰退しました。アマゾンなど、インターネットを使った商品流通が本格化することで、本や衣類などの小売業を圧迫しています。このようなデジタル革命の波は、まだ始まったばかりです。

● IT化とデジタル革命

　1970年頃から始まった情報技術（IT：Information Technology）による業務プロセスのIT化（デジタイゼーション）は、既存のビジネスの効率性を高め、生産性の向上に貢献してきました。しかし、情報技術が高度化し低廉化するに従って、デジタル技術は新たなビジネスモデルを創出するとともに、競争は国や産業の境界を乗り越えるまでになりました。そして、少数の企業だけが勝ち残り、他の企業は敗者となるような格差を生むものになっています。

　すでにいくつかの産業は消滅し、さらに別の産業も衰弱しつつあります。かつて世界を席巻した日本の企業のいくつかは、以前ほど輝きを放つ存在ではな

くなっています。日本政府は『DX レポート〜 IT システム「2025 年の崖」の克服と DX の本格的な展開〜』を公表し、産業界に危機感を伝えました。

DX 時代の競争の厳しさ

DX 時代には、顧客が何を求めているのかを他より早く察知して、新たな商品（製品やサービス、以下、「商品」と記述）によってより大きな価値を創造し、より早く進化することで競争優位性を維持していくことが求められています。この時代を生き残るためには、外部環境の急激な変化に対しても柔軟に対処できるような敏捷性が、組織に備わっていなければなりません。

また、自らがデジタル技術を用いて革新的な商品を生み出したり、業務効率を飛躍的に向上させたりする能力が求められています。しかも、そのような進化に休みはなく、変更に対するフィードバックを常に収集しながら、少しでも前進を図っていかなければなりません。なぜならば、情報の拡散が速い現代社会では、魅力的な市場にはすぐに競合が現れて激しい顧客争奪戦が繰り広げられるからです。

ネットワークと現実の両方の世界で顧客との関係性を強化すること、顧客体験の観点から商品に改良を加えることなど、市場へのアプローチについてもさまざまな工夫が必要です。何よりも重要なのは、継続的な改善を繰り返すことで、他よりも早く進化することです。

まずは、この数年間、最も注目を浴びているデジタル技術のいくつかについて理解を深めましょう。

1.2
人工知能とは

AI（Artificial Intelligence：人工知能）は、人工的に脳の働きを模倣する技術です。AI によって、画像や音声を認識したり、膨大なデータから問題解決の方法を発見したりできるようになりました。監視カメラで人物を特定したり、音声を聞き取って翻訳したりするなど、さまざまな分野で応用されています。

機械学習とディープラーニング

AI は、画像認識、音声認識、自然言語処理など、かつては人間にしかできなかった機能を肩代わりしてくれます。しかも、人間より優れた演算能力や記憶力を備えているため、人間以上の働きをしてくれる商品も徐々に増えてきています。

初期の AI システムは、専門家のナレッジと判断パターンをアルゴリズムに置き換えることで、専門家と同等の判断や意思決定ができるシステムでした。しかし、それではいつまで経っても人間を超えることはできません。

そこで、予測や判断をするためのルールを AI に学習させることで少しずつ賢くなっていく、**機械学習**と呼ばれる手法が開発されました。当初は、分類や認識の基準を人間があらかじめ与えていましたが、データの中にあるパターンやルールを AI 自身に発見させる**ディープラーニング**と呼ばれる手法も開発され、AI の推論エンジンの能力は飛躍的に向上しました。

● 機械学習、ディープラーニング、ルールベースの AI

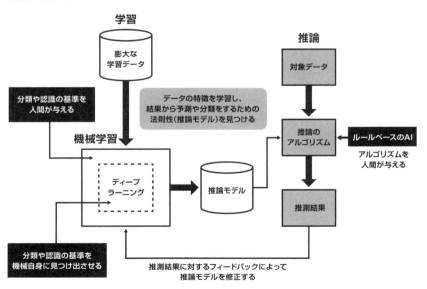

チャットボット

　チャットボット（chatbot）は、会話を意味する「チャット（chat）」と、自動化されたタスクを実行するアプリケーションを意味する「ボット（bot）」の合成語で、ユーザー支援の領域で幅広く普及し始めたAIの応用事例です。その代表として、文具の通販で有名なアスクルの「マナミさん」と「アオイくん」を紹介しましょう。

　アスクルには3種類の通販サイトがあり、個人向けのサイトには「マナミさん」、中小事業者向けのサイトには「アオイくん」が勤務しています。とくに休日や夜間帯など、顧客にとってはいつでも問い合わせができ、従業員にとっては時間外出勤から解放される、ありがたいサービスになっています。

⬤ **チャットボットの仕組み**（『バーチャルエージェント』（スマイリー）の情報を元に作成）
https://ai-products.net/product2/virtual-agent/

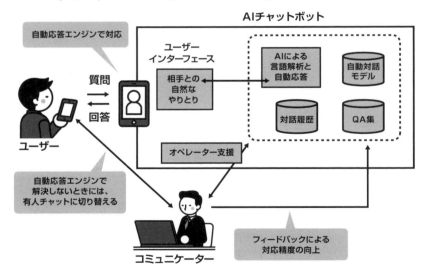

自動翻訳

　チャットボットは、人間と機械が対話するための最も基本的な機能であり、さまざまな拡張が考えられます。入力を音声認識に変え、音声合成を用いて出力すれば、私たちはそのシステムと口と耳を使ってコミュニケーションを図る

ことができます。最近、人気のあるスマートスピーカーは、すでにこの技術を
使用して質問に答えたり、指示されたことを実行する機能を提供しています。
さらに、自然言語処理と翻訳機能を加えれば**自動翻訳**が実現します。

　この数年でAIの技術が発達したためか、自動翻訳も実用化のレベルに達
しています。情報通信研究機構（NICT）が開発している自動翻訳エンジンは
TOEIC960点を超えたとされており、東京大学の教授に「東大生の翻訳より
レベルが高い」と言わしめたそうです。しかも、翻訳エンジンのフロントエン
ドとしてVoiceTraというアプリケーションをダウンロードすれば、誰もがこ
の音声翻訳機能を無料で利用できます。

━━━ **VoiceTraの仕組み**（『多言語音声翻訳の社会展開に向けて』（総務省）の情報を
元に作成）　https://www.soumu.go.jp/main_content/000584935.pdf

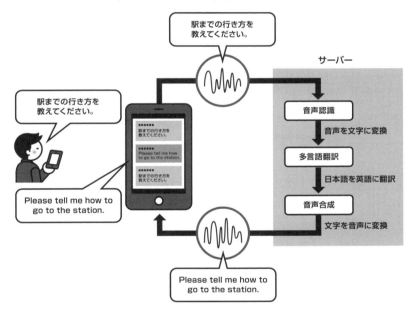

　VoiceTraは、大きく分けて3つの段階でAIを使っています。音声を聞き
分ける音声認識、文章を翻訳する言語処理、翻訳後の文章を自然な口調で発音
する音声合成処理という3つのAI処理を、一瞬で実行します。

　ちなみに、この翻訳エンジンは英語だけでなく多くの言語に対応しており、
このエンジンを利用した翻訳機械が数多く出回っています。また、企業にとっ

ては、このエンジンを使って新たなサービスを開発することもできます。

🔵 **多言語音声翻訳プラットフォーム「みらい」と対応言語**（『機械翻訳の現在と未来：機械翻訳が新たに生み出すサービスは何か？』（みらい翻訳）の情報を元に作成）
https://www.slideshare.net/minoruetoh/ss-55911911

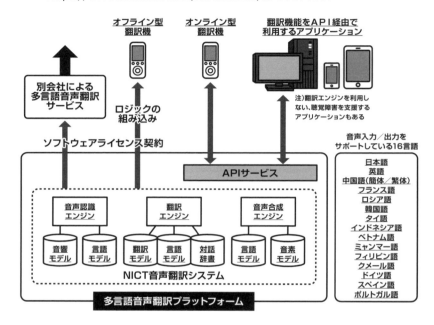

　2020年現在、日常生活で使える翻訳技術として東京オリンピックでの活躍が期待されましたが、今は待機の状態です。総務省の「グローバルコミュニケーション計画2025」（https://www.soumu.go.jp/main_content/000678485.pdf）によると、2025年の大阪万博では文脈から話者の意図を理解して補いながら翻訳できるレベルを目指し、プロジェクトは継続しています。

1.3
ビッグデータとは

　ビッグデータは、膨大な量のデータを分析したり、シミュレーションに利用することで、新たな知見を発見したり、将来を予測したりする技術です。通販

業者が、購入履歴から次に購入しそうな商品を表示したり、ヒット商品を予測したりするなど、さまざまな分野で応用されています。

膨大なデータの分析が生み出す新たな価値

　コンピューター業界には、データウェアハウス（データの倉庫）やデータマイニング（データの中から金脈を採掘すること）という言葉があり、データから新たな知見を発見する取り組みは昔から行われていました。しかし、コンピューターの処理能力が向上し、安価に入手できるようになったことで、扱えるデータの量は膨大になり、ビッグデータという表現が用いられるようになりました。

　大量の単純計算をさせる OLTP（オンライントランザクション処理）か、膨大なデータを分析することで価値ある知見を発見する OLAP（オンライン分析処理）のどちらかを選択していた時代から、大量のデータに対して人の能力が及ばないほどの膨大な分析処理を行って、新たな英知を発見する時代になったのです。

●●●　ビッグデータの特性

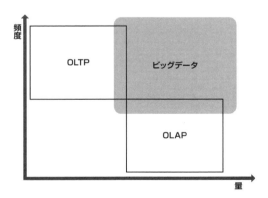

　ビッグデータのメリットは、大量で多様なデータを扱うことで、見逃していた事実を発見したり、将来に関してより具体的な予測をしたりできることです。たとえば、アイスクリームなど体感温度に左右される商品の需要を、気象と Twitter のデータを掛け合わせることで、より正確に予測できると言われています。体感温度は前日の温度などの影響を受けるため、Twitter のデータを

用いて需要予測を補正するのです。

　また、ビッグデータの分野は、データ分析に AI を用いたり、データ収集に IoT を利用したりするなど、他のデジタル技術と併用することでより高度な応用が可能になります。

回転ずし店の場合

　回転ずしチェーンのスシローでは、寿司皿に IC チップをつけ、商品の需要と供給を管理しています。それまでの客の注文状況から、1 分後と 15 分後の消費量（喫食パワー）や好みのネタを推測し、モニターを通じて厨房にいる店員にレーンに流すネタの種類と枚数を指示します。経験豊富な店長であれば、その場の状況や勘も加味して、ネタの種類と数量を調整します。

ビッグデータを活用して商品供給量を調整するスシローのサービス（『回転すしチェーン店のビッグデータ活用が凄い！』（ビジネスラボ）の情報を元に作成）
https://blab.jp/blog/?p=2661

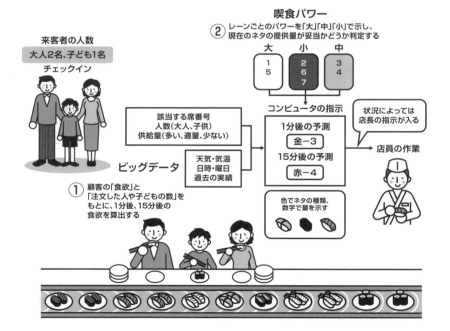

回転ずしでは、いかに廃棄する量を減らすかが重要です。品質管理の観点から、ネタごとに走行距離を設定し、自動的に廃棄します。このシステムを導入したことで、廃棄量はそれまでの4分の1ほどになったそうです。また、その地域で好まれるネタや、季節や天候による過去の売り上げ情報から、いつどんなネタをどの店舗にどのくらい搬送すれば良いかも予測しているそうです。

1.4
IoT（モノのインターネット）とは

IoT（Internet of Things：モノのインターネット）は、モノにネットワーク接続機能を搭載し、インターネット経由で情報を収集したり、指示を送ったりする技術です。出荷後の製品からメンテナンス情報を収集したり、留守宅をカメラで監視したりするなど、さまざまな分野で応用されています。

IoT の普及による生活の変化

自動で掃除をするという、一昔前までは夢のような話が現実になりました。多くの家庭にはいくつものリモコンがあり、その操作に手を焼かされますが、家電を IoT 化すれば遠隔地からスマートフォンで操作したり、音声認識機能があるスピーカーを使えば口頭で指示したりできるようになります。

テレビはかなり早い時期からインターネットにつながっていました。当初は、テレビでインターネットへアクセスする機能が中心でしたが、今は動画配信サービスを利用する人が増えています。

次に普及しているのがリモート監視の分野です。防犯目的だけではなく、子供やペットを外出先から確認したり、ペットや植物に水やエサを与える機器をを追加したりできるようになっています。また、日本では老人の独り住まいが問題になり、ポットの操作情報をリモートで受信できるサービスもかなり早い段階から提供されています。玄関の鍵も IoT 化することで遠隔地から解錠したり、施錠したりできます。エアコンを外出先からコントロールする機能は快適な室温の部屋に帰宅できるので、独り者からは重宝されるでしょう。

家電機器が自らのパフォーマンスを証明するような商品もあります。自動掃除

機が掃除経路を報告したり、空気清浄機が空気の汚れ具合をスマートフォンに表示したりします。また、カーテンの開閉や、照明のオン・オフや明るさを指示できるなど、単に楽をしたいというためだけの IoT 化もあります。さらには、コンセントそのものにリモート操作によるオン・オフ機能がついていて、あらゆる家電の電源を口頭やリモートでコントロールできるようになりました。

● IoT 家電の例

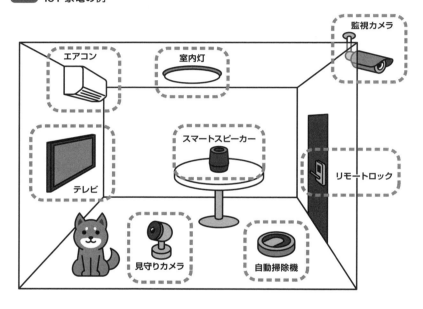

　ここで紹介した機器以外にも、電子レンジ、冷蔵庫など、ネットワークに接続できる家電が数多く販売されています。その良し悪しは別として、AI 機能と IoT を組み合わせれば、身近にあるさまざまな生活用品が勝手に情報を収集して勝手に動作するようになり、私たちの生活はますます便利になります。

工業製品の IoT 化～コマツのケース

　工業製品を IoT 化することで、出荷後の稼働状況などを監視することもできます。建設機械大手である小松製作所（コマツ）の機械稼働管理システム「KOMTRAX（コムトラックス）」は、その先行事例として脚光を浴びました。

● KOMTRAX（コムトラックス）における IoT で収集したデータの活用 （『KOMTRAX（コムトラックス）とは』（コマツ）の情報を元に作成）
https://kcsj.komatsu/service/service_support/komtrax.html

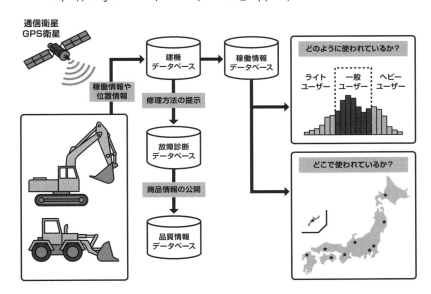

　建設機械に GPS（全地球測位システム）と通信機能を搭載することで、次のようなメリットを得ることができます。

■■ 全世界に展開する建機の位置を確認できる
　建設現場から建機が盗まれることがあります。しかし、GPS と IoT によって位置が分かるようになり、盗難そのものが難しくなりました。また、世界規模で建機の位置が分かるので、建設ラッシュがどのあたりで起こっているかや、その結果、どの地域でどの商品のニーズが高まりそうだといった推測ができるようになります。

■■ 建機の使用状況を監視できる
　稼働率と位置情報を組み合わせることで、地域ごとの稼働状況を把握し、稼働率の低い地域の建機を高い地域に移動させることで、建機の配置を見直し全体の稼働率を高められます。また、部品の不具合の発生情報を収集・分析することで、使用時間からメンテナンスのタイミングを予測することもできます。

■ 遠隔制御ができる

　暴走などのトラブルが発生しても、遠隔操作でエンジンを止めることができます。

　このような機能は、建機だけではなく、自動車をはじめとするあらゆる輸送機器、工場の工作機械、コピーなどの事務機器に搭載すれば同様のメリットを享受できます。コマツは今、工場の情報管理の効率化や運営の最適化のために、生産ラインのさまざまな設備に IoT の技術を適用した**スマート工場**（スマートファクトリー）を構築しています。現在は、工場で発生するデータの収集と分析による稼働状況の管理や、画像認識による品質検査の自動化に取り組んでいるそうです。

1.5
2025年の崖

　経済産業省の DX レポートによって、日本でのデジタル革命は始まりました。企業が変革を遂げるためには経営層の関与が必要であることを認識している同省は、DX に積極的な企業を選定・公表したり、自己診断用の DX 推進指標を奨励したりすることで、経営層への浸透を図っています。

DX 時代における成功と失敗のシナリオ

　2018 年 9 月に経済産業省が公表した『DX レポート〜 IT システム「2025 年の崖」の克服と DX の本格的な展開〜』（https://www.meti.go.jp/shingikai/mono_info_service/digital_transformation/20180907_report.html）には、「もし、新たなデジタル技術を活用して新たなビジネスモデルを創出・柔軟に改変する DX が実現できなければ、2025 年以降、最大年間 12 兆円の経済損失が生じる可能性がある」という主張がなされています。

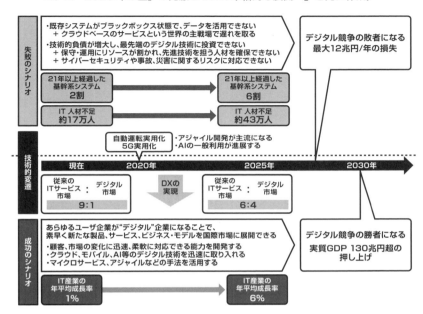

DXレポートにおける失敗のシナリオと成功のシナリオ（『DXレポート〜ITシステム「2025年の崖」の克服とDXの本格的な展開〜』を元に作成）

　2019年に開催されたIT企業が主催するイベントには、必ずと言っていいほどDXやそれに関連する単語がちりばめられており、DXに大きく関わるであろうIT業界の、DXに対する期待の大きさを垣間見ることができました。

　たしかに、グローバル市場で競争に勝ち抜くためには、最新のデジタル技術を取り入れる必要があります。勤勉で質の高い労働力を持つ日本の企業が、AIやビッグデータといったデジタル技術に関して、先頭グループに属し続けることはほぼ間違いないでしょう。しかしながらDXレポートは、デジタル技術を利用して新しい製品やサービスを提供すれば、2025年の崖を回避できると主張しているわけではありません。

■■■■ 失敗のシナリオ対成功のシナリオ

> **失敗のシナリオ**
> ・既存システムがブラックボックス状態で、データを活用できない
>   ＋ クラウドベースのサービスという世界の主戦場で遅れを取る
> ・技術的負債が増大し、最先端のデジタル技術に投資できない
>   ＋ 保守・運用にリソースが割かれ、先進技術を担う人材を確保できない
>   ＋ サイバーセキュリティや事故、災害に関するリスクに対応できない

> **成功のシナリオ**
> あらゆるユーザ企業が"デジタル"企業になることで、
> 素早く新たな製品、サービス、ビジネスモデルを国際市場に展開できる
> ・顧客、市場の変化に迅速、柔軟に対応できる能力を開発する
> ・クラウド、モバイル、AI等のデジタル技術を迅速に取り入れる
> ・マイクロサービス、アジャイルなどの手法を活用する

　私たちはクラウド、モバイル、AI などのデジタル技術だけに目が行きがちですが、技術面での成功が経営面での成功を保証するものではありません。技術革新と同時に、経営スピードを速めることや海外市場を意識することも求められています。液晶ディスプレイの分野で世界最高の技術水準を誇っていた複数の日本企業が、必ずしも成功していないという歴史が、そのことを証明しています。デジタル技術で新たな商品を世に送り出すことと、DX 時代に勝ち残ることは別であると理解しておく必要があります。

　数々の技術革新によって、俗に言うガラパゴス携帯を生み出した多くの日本企業が、世界規模の競争では撤退に追い込まれてしまいました。企業は商品を生み出すだけではなく、利益を生み出し、顧客、企業、そしてその従業員に幸福をもたらす存在でなければなりません。

1.6
DX時代を生き残るためには

　DX レポートを受けて、多くの会社が DX に取り組み始めました。ネットワークが発達した現代社会において、今まで情報が届かなかった地方の企業でもデ

ジタル技術で先行できます。これは、世界の発展途上国にも言えることです。
デジタル革命は世界規模の生存競争なのです。

クレスト社のケース

　書籍『市場を変えろ　既存産業で奇跡を起こす経営戦略』（永井俊輔［著］
／かんき出版／ 2019 年）は、1987 年に群馬に設立された IT を本業としない
地方の老舗企業が、デジタル技術で新たな市場を開拓したという意味で強く印
象に残りました。既存産業でも、デジタル技術を活用することでデジタル革命
を起こすことができることを教えてくれます。

　著者の永井俊輔氏は、看板やショーウィンドウの設計と施工を中心に多角的
に事業を展開する株式会社クレスト（以下「クレスト社」と記述）の 2 代目社
長で、父の奨めで就職した投資ファンド会社を辞め、家業を継いだそうです。
おそらく投資ファンドに勤めていたことが良い経験になったと思われますが、
本の中で紹介する新たな市場への参入の仕方や、理論整然とした考え方は、他
の既存産業の経営者にも参考になると思います。

　筆者は、次の 2 つのことを読者に伝えるため、ここでクレスト社のケースを
紹介します。

● デジタル技術の応用に関する斬新なアイデア
● 将来の可能性とリスクの存在

■ デジタル技術の応用に関する斬新なアイデア

　インターネットの世界では、操作履歴や閲覧履歴からユーザーの動線を分析
して、効果的な画面のデザインやメニューの配置などを検討する材料にしてい
ます。永井氏は、そのようなインターネットビジネスの手法を取り入れ、ショー
ウィンドウの前の人の動きを記録することで、展示効果を計測するというアイ
デアを思いつきました。

● エサシーのイメージ：交通量、展示品の視認率、推定の年齢と性別を記録する

監視カメラ3台
・交通量
・展示品の視認率 ｝を記録して、分析する
・推定の年齢と性別

　開発されたエサシー（esasy）は、ショーウィンドウの前を通過した人の数（交通量）と展示品を見た人の数（視認量）を、推定の年齢や性別とともに記録します。さらに、他のカメラで取得した入店数から入店率を求め、月日（季節、イベント）、曜日、日時などの情報と組み合わせることで、展示効果をより詳細に分析できます（参考文献：『市場を変えろ　既存産業で奇跡を起こす経営戦略』／ 28-29 ページ、クレスト社ウェブサイト）。

● 収集したデータを視覚化する（クレスト社のウェブサイトを元に作図）

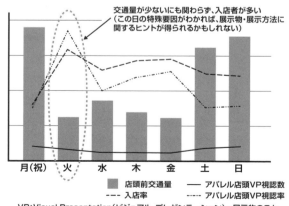

交通量が少ないにも関わらず、入店者が多い
（この日の特殊要因がわかれば、展示物・展示方法に
関するヒントが得られるかもしれない）

月（祝）　火　水　木　金　土　日

■ 店頭前交通量　　　―― アパレル店頭VP視認数
---- 入店率　　　　　‥‥‥ アパレル店頭VP視認率

VP：Visual Presentation（ビジュアル・プレゼンテーション）＝展示物のこと

■■■ 将来の可能性とリスクの存在

既存事業で蓄積してきた顧客との関係、ディスプレイに関するノウハウ、そして、インターネットビジネスから生まれてきた顧客の動きを収集して分析する技術を結びつけたアイデアは素晴らしいと思います。そして、世界に存在するショーウィンドウや展示物の数を考えれば、将来的にもまだまだ伸びしろがあるビジネスのように思われます。

だからこそ注意しなければならないのは、多くの企業が同様の技術で参入してくることです。実際、福岡市に拠点があるディスカウントストアのトライアルは、約700台のカメラを用いて、顧客が手にしたり、立ち止まったりする動きを分析し、「何を買ったか」だけでなく「何に興味を持ったか」にまで踏み込んで、客をひきつける売り場を作ろうとしているそうです。

クレスト社には既存の顧客との関係という資産があるので、おそらく現在の立場が揺らぐことはないでしょう。しかし、有効な技術やビジネスモデルであることがはっきりしてくれば、大きな資本が本格的に参入し、市場は瞬く間にそれらの企業群によって寡占されてしまいます。情報の伝播が速く、競争の激しいDX時代を生き残るためには、より早く進化すること、そして、世界を視野に入れて展開することが求められています。

求められる進化の速さ

革新的技術を最初に実用化した会社と、市場で成功を収めた会社が違うことは、どの業界にもよくある話です。

たとえば、Windowsを提供しているマイクロソフトという会社を知らない人はいないと思います。しかし、その本業であるパソコン向けオペレーティングシステム（OS）を最初に世に送り出したのは、マイクロソフトではありません。CP/MというOSを開発したデジタルリサーチという会社なのですが、デジタルリサーチのことを覚えている人はかなり少ないでしょう。事業で成功を収めるためには、新たなビジネスモデルを発見するだけではなく、他より早く進化する必要があるのです。

本書の取材をする中で、もう1社、気になる会社がありました。業界や業務の経験者を、短時間のアドバイザーとして企業に紹介するサービスを運営する株式会社ビザスクです。アドバイスをする側はスキマ時間を有効に活用できま

すし、企業側もピンポイントで、しかも効率的に経験者に質問をしたり意見を
聴いたりできます。

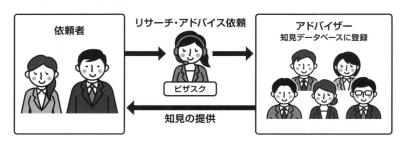

🔵 **ビザスクのビジネスモデル（ビザスクのウェブサイトを元に作成）**
https://visasq.co.jp/service/interview

印象に残ったのは、新たなビジネスモデルを開拓した社長である端羽英子氏の
発想力や行動力だけではありません。「世界中の知見をつなぐ」という大きなビ
ジョンを掲げて周囲を巻き込んでいること、事業とITを緊密に連携させてさら
に進化させようとしていること、そして、経営スピードの速さにも驚かされまし
た。端羽氏も永井氏と同じように投資ファンドに勤めていた経験があり、企業が
成長するためのキーポイントをよく理解しているのではないかと思います。

1.7
ラストワンマイルをめぐる戦い

ラストワンマイル（最後の1マイル）は、店舗や物流から、消費者の手元に
届けるまでの最後の物流を指します。この1マイルを制する企業が、消費者に
関する大量の情報を握ると言われており、アマゾンとウォルマートはこのラス
トワンマイルをめぐって熾烈な競争を繰り広げています。

アマゾン vs. ウォルマートの激しい競争

ウォルマートはアメリカの家庭消費を支えるリーダー的存在で、米国住民の
9割はウォルマートの店舗から半径10マイル（約16キロ）以内に住んでいる

と言われています。グーグルやアマゾンがオンラインマーケティングで台頭してきた頃、世界最大のスーパーマーケットチェーンであるウォルマートは、デジタル技術の領域で遅れを取っていました。

ウォルマートは 2012 年、「Merchant Customer Exchange」（MCX）という米国小売業の連合組織が運営するモバイル決済システム CurrentC に参加してその遅れを取り戻します。しかも、独自の Walmart Pay を開始して CurrentC をサービス停止に追い込み、2018 年には決済利用数で Apple Pay を抜いて首位になったそうです。

EC 市場においても、2016 年に当時、低価格大量販売で実績を上げていた Jet.com を買収して参入しました。アマゾンとは比較になりませんが、それでも徐々にシェアを拡大しています。

米国における EC 市場シェア（eMarketer が公表した資料を元に作成）
https://www.emarketer.com

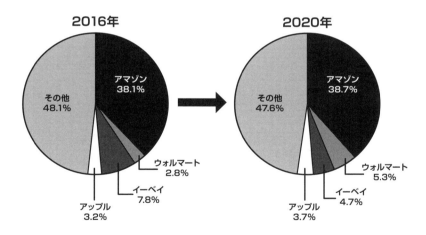

一方、アマゾンも 2017 年にホールフーズ・マーケットを買収し、食料品ビジネスに本格的に参入したことで、真っ向から対立することになります。両社は競争力を高めるため、さまざまな領域でデジタル技術を採用しています。

IoT

ウォルマートが 2019 年 6 月に発表した「インホーム・デリバリー」は、留

守中に冷蔵庫の中まで購入した商品を届けるサービスです。配達員が家に入る際は、顧客のスマートフォンに連絡がきます。配達員の胸にはウェアラブルカメラが付けられており、配達の様子をスマートフォンから確認できます。

アマゾンはIoTが組み込まれた特殊キーで留守宅のドアを解錠し、荷物を置いていくアマゾンキーというサービスを2017年から提供しています。

■■■ AI

ウォルマートは、試験店舗の天井にAIカメラを配置し、陳列してある生鮮食品を管理しています。棚には類似する商品が陳列されていますが、AIによる画像解析により、いつ何が売れたかを正確に把握しています。そして、売り切れそうな時には補充を要求し、一定期間が過ぎた生鮮食品に対しては回収を指示します。これによって、現場のスタッフが常に売り場をチェックして商品を補充したり、回収したりする作業が必要なくなります。

アマゾンが展開するAmazon Goは、店内にセンサーを張り巡らせた無人の食料スーパーです。AIを組み込んだ画像処理システムで店内を監視しています。客は自動改札のようなゲートでQRコードをかざして店に入り、買うものを自分のバッグに入れます。店を出る際には再びQRコードをかざすだけで清算がなされ、そのまま店を離れることができます。

■■■ ビッグデータ

ウォルマートでは、各店舗から送られてくる1時間あたり2ペタバイト（25GBのブルーレイディスク約8万枚分）以上の膨大な販売データを分析し、異常が発生していないかどうかをチェックしているそうです。ある地域で急に販売量が減少した商品を発見して調査をしたところ、本来より高い価格が設定されていることが明らかになりました。また、人気のハロウィーン期間限定のクッキーがまったく売れていないことから棚に置かれていないことが判明し、機会損失を免れたりしたこともあったそうです。

一方のアマゾンは、ビッグデータでEC市場を切り開いてきたと言っても過言ではありません。日々発生する商品の売買情報だけではなく、閲覧履歴や購入履歴で個人の好みや将来の購入商品を予測します。また、地域の特性や需要を予測したり、直近のトレンドや適性価格なども正確に推測し、彼らのビジネスに生かしていることは想像に難くありません。

ウォルマートの新たな一手

新しく始まったウォルマートのサービス「Express Delivery（速達便）」では、食料品を含む16万点以上の商品を2時間以内で配送します。速達便は30ドル以上の購入が必要で、通常の配送料金以外に10ドルの追加料金がかかります。

速達便のサービスには最先端のAIシステムが利用されており、優良顧客への商品推奨、在庫管理、配送最短ルートの決定などの機能があります。AIシステムは注文情報を受け取ると、経路を最適化し、車両と配送ルートを決め、顧客が適切なタイミングで購買品を受け取れるような配送計画を作成します。その上で、時間帯、天気、利用可能な車両などを考慮して、可能であれば顧客に速達のオプションを提案します。顧客が速達便を選択した場合には、店員あるいは訓練を受けた個人客に購買品の収集を指示します。配達員であるドライバーには店舗に連絡することを促し、荷物の受け渡しに関する指示を伝えます。

速達便は、今までになかった作業を配達員に課しますが、アプリケーションが追加の作業手順を指示するので、通常配送に支障をきたすことなく速達便を実現したとウォルマートは主張しています。

● AIによる配達ルートの決定と指示

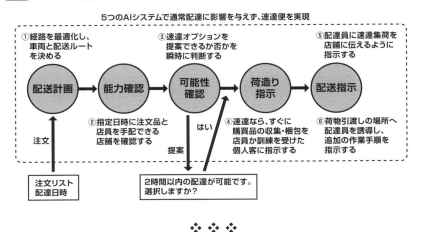

5つのAIシステムで通常配達に影響を与えず、速達便を実現

①経路を最適化し、車両と配送ルートを決める
配送計画

②指定日時に注文品と店員を手配できる店舗を確認する
能力確認

③速達オプションを提案できるか否かを瞬時に判断する
可能性確認

④速達なら、すぐに購買品の収集・梱包を店員か訓練を受けた個人客に指示する
荷造り指示

⑤配達員に速達集荷を店舗に伝えるように指示する
配送指示

⑥荷物引渡しの場所へ配達員を誘導し、追加の作業手順を指示する

注文

注文リスト配達日時

はい

提案

2時間以内の配達が可能です。選択しますか？

❖ ❖ ❖

ラストワンマイルの争いと過去に繰り広げられてきた競争との決定的な違いは、購入する個人が特定されているということです。これからの小売業には、

誰がどこで何をどのくらい購入したかという情報を収集する能力や、収集した情報を詳細に分析してタイミング良く適切な処置を実施する能力が求められます。スーパーに限らず、あらゆる企業が個人情報をかき集め、私たちの知らないところで激しい戦いが繰り広げられているのです。

2020年8月、セブン＆アイ・ホールディングスは米国子会社のセブン‐イレブンを通じて、米国コンビニエンスストア第3位のスピードウェイ（Speedway）を買収すると報道されました。米国におけるラストワンマイルの争いはますます熱くなりそうです。

第1章のまとめ

AI、ビッグデータ、IoT などのデジタル技術は、IT の進化とともにさまざまな分野で応用されるようになりました。デジタル技術の発展は新たなビジネスを生み、既存のビジネスを破壊しています。日本の企業もただじっとしているだけでは、新たな時代の流れに飲み込まれてしまいます。

DX に取り組む目的と行うべきこと

DXの目的

激しく変化する市場で勝ち残る

行うべきこと

- 取り巻く環境の破壊的な変化に対応できるように、機敏な組織を作る
- デジタル技術を利用して、新しい製品、サービス、ビジネスモデルを展開する
- 世界との競争を意識して、より早く継続的に進化する

先行している先進企業は、デジタル技術を駆使して顧客や市場の動きをいち早く察知し、業務効率を高めて収益構造の改善を図っています。DX 時代に生き残るためには、顧客や市場の変化に迅速で柔軟に対応できるよう敏捷性を高め、常に世界の市場を意識して、継続的にサービスを進化させていかなければなりません。以降の章では、これらの改革に関する、より具体的な手段について考えていきたいと思います。

第2章
サービスマネジメントとは何か

　本書の書名に含まれる「サービスマネジメント」という言葉に、あまりピンと来ない方もいらっしゃると思います。ラグビーでよく耳にするようになった「(倒れている相手からボールを奪う) ジャッカル」や新型コロナウイルスの「パンデミック (世界的大流行)」など、私たちは関心があるものを理解することは苦に感じませんが、興味のないことを理解するのはそう簡単なことではありません。残念ながら、サービスマネジメントもどちらかと言えば、後者かもしれません。

　本章では、この本のテーマでありながら漠然として捉えどころのないサービスマネジメントの概念を説明します。

2.1 サービスマネジメントとは何か

　サービスマネジメントとは、「サービスの提供者と利用者の双方に対して、期待する価値を供給する能力」です。サービス提供者にとっては「サービスへの投資とサービスの品質を管理すること」であり、サービス市場で組織を成功に導く能力を意味しています。

サービスマネジメントの役割

　サービスマネジメントを素直に直訳すれば、サービスを管理することです。つまり、サービスを本来のあるべき状態に保つこと、あるいは理想の状態に近づけることです。それでは、サービスのあるべき状態とはどのような状態でしょうか。

価値交換の達成と価値の維持向上

　私たちの周りにはたくさんのサービスがあります。水道や電気などのように、最低限の生活を維持するために必要なサービスもあれば、美容やスポーツジムのように生活を豊かにするサービスもあります。

　これらのサービスには、サービスを提供する**サービス提供者**とサービスを利用する**サービス消費者**がいます。サービス消費者はサービスを利用すると同時に、サービスの対価を代金という形でサービス提供者に支払います。つまり、

サービスの代金を支払う消費者にとっては、時間とお金を費やしてでも獲得し
たい価値があるわけです。

サービス提供者とサービス消費者（顧客）の関係

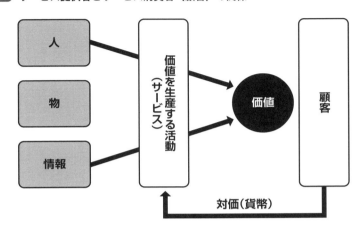

一方、サービス提供者は、サービス資源（人、モノ、金）を投入して、消費
者から代金を受け取れるだけの価値を生み出すことが求められています。サー
ビスが存在するのは、提供者と消費者の価値交換を実現するためであり、両者
が満足するためには、価値交換によってそれぞれの得たものが、お互いが期待
した価値に相当するものでなければなりません。

利用者はほとんどの場合、サービスに対して受け身の立場にあり、サービス
をあるべき状態に保つ責任、つまり、サービスマネジメントの責任はサービス
提供者にあります。もしそこに競争があれば、収入の機会を失わないためにも、
サービス提供者はサービスの価値を維持・向上させていく必要があります。そ
れもまた、サービスマネジメントの役割になります。

法令遵守

夜遅くまで営業して近所に迷惑をかけている、カラオケのある飲食店が話題
になることがありますが、そのようなサービスは決して良いサービスとは言え
ません。サービスは少なくとも公共の福祉に反するものであってはなりません。

サービスを長期的に提供することを目指すのであれば、関係するすべての人

にとって許容される存在であるべきです。つまり、「売り手良し」「買い手良し」「世間良し」という三方良しが理想の状態です。組織が社会的存在である以上、税金を納めたり、個人情報を適切に扱うなど、少なくとも社会的責任を果たす義務があります。

　ここまで述べてきたことをまとめると、サービスマネジメントには次の役割があります。

- サービス提供者とサービス消費者が期待する価値交換を実現する
- サービスの価値を維持、向上させる
- 社会的責任を果たす

サービスのあるべき姿とは

　ITIL®では、サービスマネジメントを「サービスという形で顧客に価値を提供、または、顧客とともに価値を創造する組織の能力」と定義しています。分かりにくい表現ですが、極めて当然のことを言っています。レストランであれば、利用客はその店で食事をしたことに満足し、店はその代金を受け取ることができれば良いのです。

　サービスは、その消費者と提供者に期待する価値をもたらすものでなければなりません。東京ディズニーランド（オリエンタルランド）であれば、設備と演出によって利用者に幸せを感じさせながら、経営的には利益を生み出さなければなりません。それを実現する能力がサービスマネジメントであり、現場における従業員一人ひとりの能力や組織全体の能力によって成り立っています。

DX 時代に求められること

　サービスマネジメントを経営層の視点で表現すると、サービスへの投資とサービスの品質を管理することです。サービスマネジメントは、企業活動のあらゆる業務と関係しており、1つの部門で手に負えるものではありません。組織の総合力が求められており、経営層が積極的に関与することがとても重要です。

⬤⬤ サービスマネジメントに求められる能力

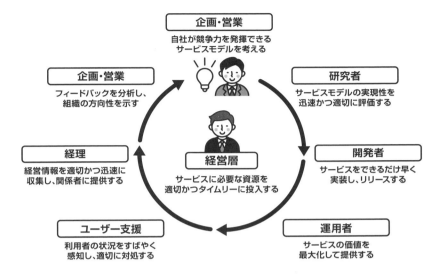

競争がなければ、サービスによる価値交換の仕組みを維持することはそれほど難しくありません。しかし、世界が1つにつながっているインターネットの中では、熾烈な競争が繰り広げられています。世界をリードしている企業は、新たな価値を生み出す仕組みを自らが開発し、それを実践することによって他の企業を圧倒しています。後手を踏んでいる企業がその1つの側面だけで追いついたとしても、他の面が不十分であれば、先行する企業に追いつくことはできません。

2.2
サービスの品質を管理する

サービスの品質は、顧客の期待を満たしたか否かであり、利用者の主観によって判断されます。多くの人や組織が関係するサービスの品質管理には、何らかの仕組みが必要です。IT業界には、ITサービスの品質管理に関するノウハウが蓄積されてきました。

製品の品質とサービスの品質

　サービスの品質について議論する前に、シャープペンシルの芯を題材にして、製品の品質について考えてみましょう。

　JIS（日本産業規格）によると、シャープペンシルの芯を「0.5mm」と表記して販売するためには、0.55mmから0.58mmまでの太さでなければならないという規定があります。もし、芯の太さが0.50mmであった場合、その製品は規格を満たさない不良品として扱われます。

シャープペンシルの芯の品質

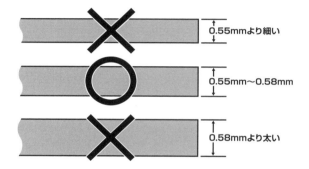

　他にも、芯の強度や材料に有害物質を使用していないなどの物理的特性に関する基準があって、そのすべてが満たされた時、その製品は最低限の品質が保証された商品として認められます。

　一方、サービスには形がありません。どのようにしてサービスの品質を比較すれば良いのでしょうか。レストランでもホテルでも、インターネットを検索して利用者の評価を参照すれば、そのサービスのおおよそのサービスレベルを知ることができます。ただ、すべてのサービスがインターネットで検索できるわけでもありませんし、そもそも、その評価が正しいとは限りません。それでは、サービスの品質はどのようにして測れば良いのでしょうか。

サービス品質の基準は顧客の主観である

　結論を先に述べれば、サービスの品質は、顧客の期待に対してどうであったかという**利用者の主観**によって決まります。たとえば、レストランを利用する時、私たちは料理のおいしさや価格だけでなく、店員のふるまいや店内の雰囲気にも何らかの期待を抱いています。そして、自分たちの経験が期待通りであったならば満足しますし、そうでなければ残念に感じます。つまり、サービスの品質は主観的で相対的なものなのです。

サービスの品質

期待以上

良いサービス＝質の高いサービス

期待以下

悪いサービス＝質の低いサービス

　日本には「おもてなしの文化」や「お客様は神様です」といった社会通念があるので、諸外国と比較してサービスの品質は高いと言われてきました。客の目も厳しく、ほとんどの店では、その責任者が従業員を教育することでサービスの品質を維持しています。小規模な店舗であれば、責任者がリーダーシップを発揮することで、良いサービスを提供し続けることができます。しかしながら、規模が大きくなればなるほど、組織全体でサービスの品質をコントロールすることは難しくなります。

ITサービスの品質管理

　ITサービスとは、情報技術（IT: Information Technology）を用いて提供されるサービスのことです。ITが劇的に進化し、その導入コストも急激に降下したことで、ITサービスは身近な存在になりました。

多くの人にとって手放すことができなくなったスマートフォンや携帯電話の
ビジネスは、今や当たり前の存在となっているインターネットや電子メールな
どの IT サービスによって成り立っています。また、銀行の ATM、駅の改札、
高速道路の ETC など、ありとあらゆるサービスが IT サービスによって支え
られています。IT サービスは、空気のようにあって当然、なければ死を意味
するような重要な存在になりつつあります。

IT の領域では、比較的早い段階からサービスの品質管理が求められました。
なぜなら、IT サービスを提供するためには、多くの人間がサービス供給のた
めに協力しなければならないからです。しかも、IT サービスの従事者は顧客
との接点がほとんどなく、技術面だけに集中する傾向があります。技術者に対
して、サービスが事業を成功させるための存在であることを意識させるために
も、何らかの仕組みを導入する必要がありました。

その結果、IT サービスが多くの人々から利用されるようになってきた 1990
年代に **IT サービスマネジメント**という概念が形成され、サービスの品質を維
持管理するためのさまざまな知見が集約、体系化され発展してきました。

2.3
サービスの特性①〜無形性

サービスには「無形性：Intangibility」「異質性：Heterogeneity」「同時性：
Inseparability」「消滅性：Perishability」という製品にはない性質があります。
サービスだけが保持するこれら 4 つの性質は、英語の頭文字をとって**サービス
の IHIP 特性**と呼ばれています。サービスの品質管理を難しくしているこれら
の特性と、どのように向き合うかがサービスマネジメント上の課題です。**サー
ビスの無形性**に対しては、サービス品質の見える化を図ることが最大のポイン
トです。

サービスには形がない

製品にしろ、サービスにしろ、その品質を管理するためには、どこかのタイ
ミングで品質をチェックする必要があります。もし、欠陥や課題を検出できれ

ば、修正や改善を行うことで品質の維持向上を図ることができます。しかし、サービスには形がなく、利用した人によってその価値が決まります。したがって、品質を判断する根拠を示す必要があります。

　また、消費した後に形が残らないので、検証できる仕組みを用意しなければなりません。つまり、形がないサービスを評価するための指標を用意して、測定と監視によって品質をコントロールするのです。

● **サービス品質の見える化**

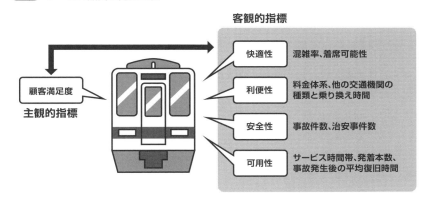

　指標には客観的な指標と主観的な指標があり、それらのバランスを取る必要もあります。

　たとえば、電車のサービスの客観的指標として可用性、主観的指標として顧客満足度などが考えられます。可用性というのは、利用できるはずのサービスが利用できたか否かを判断する指標で、事故などによって電車が利用できなかったり、時間通りに電車が運行されていなければ可用性の評価は下がります。一方の顧客満足度は、サービスの可用性による影響もありますが、他にも電車の混み具合や清潔さなどが反映されるかもしれません。サービス提供者は、サービス品質に関連するこれらの指標と顧客満足度との相関関係を把握し、コストとのバランスも考慮しながら、目標とするサービスの水準（サービスレベル）を設定します。サービス品質の見える化によって、立場の異なる利害関係者が同じ目線で議論することができるようになります。

2.4
サービスの特性②〜異質性

　サービスの品質はサービスを提供する側の知識、スキル、経験などに依存します。それらを高めるためにはコストもかかり、結果として価格が上がります。コストを抑えてサービス品質を一定のレベル以上に保つことができれば、サービス提供者は成功の可能性を高めることができます。

サービスは均一ではない

　サービスの異質性とは、サービスを構成する要素の変化に伴ってサービスの品質にばらつきがでることです。サービス提供者が違えばサービスの質は異なりますし、同じ提供者でも、その日の体調や感情でばらつくこともあります。このばらつきを調整するのもサービスマネジメントの役割です。一般に、サービスの品質は提供する側の状態に依存する部分が大きく、製品よりも品質の変動幅は大きいと言えます。

■ マニュアルの作成・訓練・改善

　サービスの品質を一定に保つための基本的な施策は、マニュアルを作成したり、サービスを提供する側の人や組織に対して訓練を行うことです。外食産業ではマニュアルを用意し、従業員を訓練することで、たとえアルバイトであっても一定レベル以上のサービスを提供しています。たとえばマクドナルドでは、アルバイトの店員がハンバーグを焼くことや、接客することを覚え、しばらくすると顧客の期待に応えることができるようになります。

　サービス改善活動において、組織はマニュアルを作っただけで安心してしまうことがありますが、マニュアルはただそこにあれば良いというものではありません。記載されている内容の意図を理解していなければ、表面的なふるまいだけになってしまいます。マニュアルに記されている意図を従業員に理解させて、実行できるようにするための訓練が必要です。

　また、現場からのフィードバックによって、マニュアルを改善していくことも必要です。マニュアルが1年間、まったく変更されていないとしたら、その

組織は改善を考えていないと疑われても仕方がありません。マニュアルの有無、どの程度細かく記載されているか、どのくらいの頻度で更新されているかを見れば、その現場のレベルがある程度わかるとさえ言われています。

マニュアルの監査

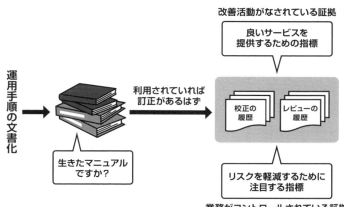

運用手順の文書化 → 生きたマニュアルですか？

利用されていれば訂正があるはず

改善活動がなされている証拠
良いサービスを提供するための指標
校正の履歴　レビューの履歴
リスクを軽減するために注目する指標
業務がコントロールされている証拠

　マニュアルを尊重することは重要です。ただその一方で、例外についてもガイドラインを用意しておく必要があります。そうでなければ、現場は言われたことだけしかできない硬直した官僚的なチームになってしまう可能性があります。想定外の状況が発生したり、顧客のために例外的な行動が求められた時に、柔軟に対応できるルールも必要です。

経験者によるサポート

　マニュアルだけでは一定レベルの品質を保つことができないサービスもあります。

　一般に理髪店のサービスは、新人よりベテランのほうがスピードも速く、仕上げも優れています。そこで、ベテランが最後の仕上げを受け持つことによって一定レベル以上の品質を保つという方法が考えられます。これは、高度な技術が必要とされる工芸品の工作過程などにも適用される品質管理の手法であり、とくに人のスキルや経験に対する依存度が高いサービスに有効です。

2.5
サービスの特性③〜同時性

　サービスの生産と消費を切り離すことはできません。また、生産者と消費者は互いに影響し合う関係にあります。サービスの同時性に対する一般的な対処法は、現場で臨機応変に対応できる手段と権限を与えることです。

サービスの生産と消費は同時に起こる

　製品の場合、出荷まで品質をコントロールすれば、製品を提供する組織としての役割は果たしたものとみなされます。一方、サービスは生産と消費を切り離すことができません。これを**サービスの同時性**と言います。

　この同時性のために、サービスの生産者と消費者は互いに影響し合う関係にあります。たとえば、レストランのテーブルで水をこぼしたり、タクシーで道に迷ったりすれば、そのことを顧客は迷惑に感じます。

▬▬ **サービスの同時性**

サービスの生産と消費は同時に起こる

タクシー　　　美容院

　しかしその一方で、同時性はサービス提供者に有利に働くケースもあります。それは、サービスの印象をその場で変えられることです。たとえ迷惑をかけたとしても、誠意をもって謝罪や弁償をすることで、サービスに対する信頼を取

り戻せる可能性があります。たとえば、電車が遅延した時に、振替輸送を案内したり、遅延証明書を発行したりすることで、多くの乗客は寛容な気持ちになります。

サービスの同時性に対する一般的な対処法は、現場で臨機応変に対応できる手段と権限を与えることです。もし、現場に十分な権限がなければ、その場の状況に応じた柔軟な対応が取れず、紋切り型の対応がサービスに対する不満を増幅させることさえあり得ます。ただ、明確なガイドラインがなければ、一貫性を欠く対応になり、更に不信感を高めてしまうかもしれません。また、意思疎通の手段を用意することで、顧客のニーズを正確に把握することも重要です。

以上のことをまとめると、サービスの同時性に対しては次のような事項を検討する必要があります。

- 組織としてのサービスに対する明確なガイドラインを示す
- 十分なコミュニケーション手段を用意する
- 現場に権限を委譲する

顧客が従業員の些細なふるまいに失望すると、二度とその企業のサービスを利用しなくなるばかりか、不快に感じたその体験は噂となって広まっていきます。1980 年代にスカンジナビア航空の経営再建に取り組んだヤン・カールソン CEO は、従業員が顧客と直接接する最初の 15 秒を「真実の瞬間」と呼びました。

2.6
サービスの特性④〜消滅性

輸送サービスやエンターテインメントでは、空席があっても、後に取っておくことはできません。逆に、多くの利用者がいても、サービスを供給する余裕がなければ機会を失うことになります。サービスの需要を正確に予測し、需要に応じた供給能力を用意することが求められます。

サービスはその瞬間に存在する

　サービスはその瞬間にしか存在することができません。旅客機に空席があっても後に持ち越すことはできませんし、定員以上の乗客を搭乗させることもできません。スポーツのイベントやコンサートでも同じことが言えます。これを、**サービスの消滅性**と言います。

　製品の場合、需要の少ない時期に蓄えておいた商品を需要が多い時期に販売することで、需要の変化に対応することができます。サービスは在庫することはできないので、需給バランスを調整するための工夫が必要です。消滅性に対する一般的な対処法は、サービス提供者への負荷を分散させることです。サービス需要を平準化し、サービス供給に必要となる資源への急激な需要の変化を抑制します。たとえば、サービス料金を変動させることで特定の時間帯に集中するサービス需要を分散させたり、閑散期には販売促進活動をして需要を喚起したりすることです。また、サービス需要の正確な予測や、サービス供給能力を調整する仕組みも有効な対応策になり得ます。他の会社と相互協定を結んで、急激な需要の増減に対してサービス資源の貸し借りを行うなどの対策が考えられます。

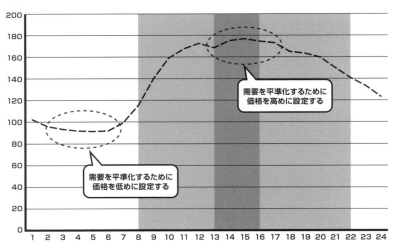

　　　　● **サービス料金体系を使ったサービス需要の平準化（電力料金）**

ピーク時間帯（比較的高い電気料金）
昼間時間帯（中間の電気料金）
夜間時間帯（比較的安い電気料金）

このグラフは、ある年の電力料金と、その前年度の電気使用量の推移を表しています。電力使用量が高いと予測される時間帯の料金を高めに設定し、逆に使用量が少ないと予想される夜間帯の料金を低めに設定しています。料金格差によって、サービス需要の平準化を図っています。

2.7
品質管理の原則①～プロセスのコントロール

サービスの**品質管理の原則**は、製品のそれと変わることはありません。サービス供給におけるさまざまな手順は、工場で製品を作る工程に当たります。サービスの品質を管理するための最初のステップは、サービスを提供するプロセスを定義して、出力をコントロールできる状態にすることです。

プロセスを監視し継続的に改善する

サービスマネジメントの原則は、製品の品質管理と基本的には変わりません。行うべきことは、価値を創造するプロセスを監視して、継続的に改善することです。たとえば旅館のサービスであれば、お客様の出迎えから、客間への案内、食事の提供など、さまざまな場面における従業員のふるまいを先輩の従業員が指導して、その旅館のサービスの品質が保たれています。

小さな旅館のサービスであれば、目の前にいるお客様の反応から、自分たちのサービスの良し悪しが分かります。新入りの従業員も現場における指導と経験によって成長し、やがて一人前の従業員になります。しかしながら、規模の大きなホテルとなると、従業員一人ひとりの行動に目を光らせるにも限界があります。

■ マニュアルによってプロセスを定着させる

そこで、マニュアルを作り、従業員に適切なふるまいを指導することで、サービスの品質を管理することになります。まずは、サービスを提供するために実施すべき業務にルールを定め、プロセスとして定着させます。つまり、業務の手順やルールを文書化し、指導と訓練によって従業員が常に同じパターンで業

務が行えるようにします。

このルールの作成方法ですが、本社組織で作成すると現場の実状に合っていないという指摘がなされるケースがあります。一方、現場に任せると同じ業務なのに事業部や地域によってまったく異なるとか、同じツールが使えないなどの弊害が出てきます。理想は、本社と現場が話し合って、組織全体で統一すべきルールと現場で調整できるルールを明確にすることです。現場のリーダー的存在の従業員が納得しなければ、新たなプロセスを定着させることはできません。現場の事情にも十分に配慮しながら合意点を探ります。

また、一度決めたルールに課題があれば是正することをためらう必要はありません。日本の組織にありがちなのは、ルールを厳格に考えすぎるあまり、調整に手間取ってなかなか物事が始まらないというパターンです。不確実性を受け入れるという姿勢も改革のスピードを速めるためには必要です。

新たなプロセスを導入する際には、ルールを守ってもらうことが大切です。過去のやり方にこだわる従業員には、なぜ新しいやり方をすべきなのかを丁寧に説明する必要があります。

それでも秩序を乱す従業員には、人事的な権限を用いて排除することも検討します。いずれにしても、基準となるプロセスを定着させることは不可欠です。プロセスによって秩序が生まれなければ、成果をコントロールすることはできません。

■ 評価の指標を定義して測定する

プロセスが定着した後に、さらに厳密にサービスの品質をコントロールするには、サービス提供プロセスを評価する客観的指標を定義して監視します。これは、工場における品質管理の方法とまったく同じです。客観的な指標に基づいてプロセスを評価し、フィードバックによって出力をコントロールします。

プロセスのコントロール

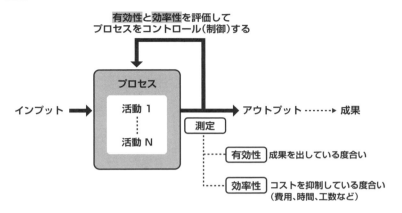

プロセスを評価する際に注目するのは、プロセスの**有効性**と**効率性**です。有効性はどれだけ多くの価値を生み出しているかであり、効率性はどのくらい少ないコストでそのプロセスを実行しているかです。コストとは組織の資源の消費量、つまり、人、モノ、金の消費量です。労働力、時間、財務のどれを節約するかは、その時の状況や組織の価値観によって異なります。いずれにしても、サービスの有効性を損なうことなく、より人手がかからない、より時間がかからない、そして、より費用がかからないやり方を追求します。

一部のプロセスの最適化が、全体の最適化に必ずしもつながらないことにも注意しなければなりません。顧客の要求からサービス提供までの価値を包括的に捉える必要があります。極端に品質を落としたり、膨大なコストや時間が費やされるプロセスがあれば、他のプロセスにおける改善の努力も水の泡になってしまいます（「5.2　制約条件の理論」に記載）。

2.8
品質管理の原則②〜継続的改善

サービスの品質管理においても**デミングサイクル**（PDCAサイクル）は有効です。計画（Plan）・実行（Do）・点検（Check）・措置（Act）を継続的に行うことで、サービス品質の維持向上を図ることができます。

デミングサイクルとは

　品質管理の父と言われている W・エドワーズ・デミング博士は、1950 年代に来日して講演を行い、日本の製造業に多大な影響を与えたと言われています。そして、日本の製造業の強みである品質管理の技術はこの時期に培われ、その後の高度成長を支えました。現状に満足することなくより良いものを追求するという継続的改善の精神は、勤勉という特徴を持つ日本人の多くに支持され、日本の製造業の発展を後押ししたのです。デミングサイクルによる継続的改善の仕組みは、サービスマネジメントの領域でも支持され、その後の発展を支える論理的根拠となりました。

　工場のラインでは、工員が作業する際に必要な歩数を測定し、より少ない歩数で作業できるようにラインのレイアウトを工夫します。わずか一歩の違いでも、1 日中、同じ作業を繰り返して 1000 個の部品を作る工程であれば、1 日1000 歩を節約できます。それは、作業時間を短縮したり、工員に対する負担を軽減したりすることにもつながります。

■ デミングサイクル

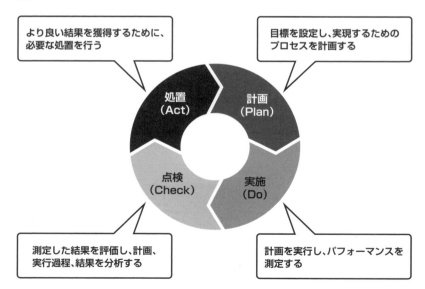

旅館では、顧客からのフィードバックを入手するために、宿泊客に対してアンケートを行って改善活動に役立てています。サービスのパフォーマンスを監視・測定・改善することで、価値創造のプロセスは徐々に成熟し、より良いパフォーマンスを達成できるようになります。

2.9
サービスの品質管理の実践〜良品計画

『無印良品は、仕組みが9割　仕事はシンプルにやりなさい』（松井忠三［著］／角川書店／2013年）には、無印良品を展開する株式会社良品計画が「MUJIGRAM」という業務マニュアルを作成し、業績を回復させた仕組みや考え方が紹介されています。小売業という同じサービス業における実例を通して、プロセスの標準化や可視化がいかに大切であるかを私たちに教えてくれます。

良品計画の業務マニュアル

良品計画は、2001年の中間決算で38億円の赤字を報告しました。当時、社長に就任したばかりの松井忠三氏は、その著書の中で次のようなエピソードを記しています。

ある店舗を訪れたベテラン店長が売り上げ向上のために商品の並び替えを指示しました。しかし、次にやってきた別の店長はその商品の並びを崩して、陳列し直すように指示しました。つまり、売り場作りのノウハウは数名のカリスマ店長の頭の中に、しかも一貫性のない形で存在していたのです。商品の仕入れも担当者の勘によってなされていたために在庫が積み上がり、経営を圧迫していました。

経営の実権を握った松井氏は、マニュアルを作って一貫性のある業務プロセスを定着させながらその改善を図り、業績のV字回復を果たしました（参考文献：『無印良品は、仕組みが9割　仕事はシンプルにやりなさい』、36-39ページ）。

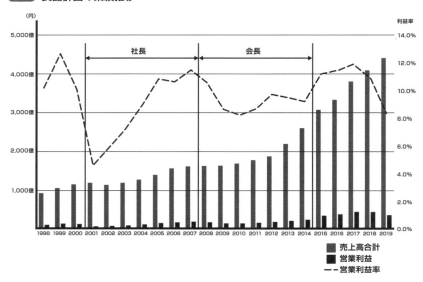

良品計画の業績推移

マニュアルを作る目的は、業務手順の標準を定め、そのやり方を基準として改善を図るためです。良品計画の業務マニュアル（MUJIGRAM）には、次のような特徴があります。

- すべての作業に目的が示されている
- 現場で作られ、修正される
- 頻繁に更新される
- 目的があれば、なんでもマニュアルにしてしまう
- 全業務をカバーしている

すべての作業に目的が示されている

マニュアルは時間の経過とともに作業の目的が曖昧になり、知らず知らずのうちにその作業をすること自体が目的になってしまうことがあります。マニュアルの各作業項目の最初には、その作業の意味と目的が記されています。

現場で作られ、修正される

マニュアルを作成するにあたって、松井氏は競合である「しまむら」のマニュ

アルを調査したそうです。

> しまむらでは、全社員から*毎年五万件以上の改善提案*が寄せられ、これを一つひとつ検討し、*マニュアルを毎月更新*しています。三年もすると、マニュアルが一新するといわれるくらい、活用度の高い"*生きたマニュアル*"です。

（『無印良品は、仕組みが 9 割　仕事はシンプルにやりなさい』／松井忠三 ［著］／角川書店／ 2013 年／ 111 ページ）

マニュアルは、単に業務を標準化した手順ではなく、社風や組織の信条と結びついています。また、現場の問題点を知っているのも、その解決策を知っているのも現場の人間です。これらのことから、マニュアルは現場で作り、現場で修正されるべきであるという方針が貫かれています。

■ 頻繁に更新される

しまむらの例でも分かるように、1 年に 1 回の更新では対応が後手に回る可能性があります。良品計画もまた、毎月更新しているそうです。マニュアルの更新頻度は業務の内容にもよると思われます。小売りの現場の変化がバックオフィスのそれより速いというのは想像に難くありません。

■ 目的があれば、なんでもマニュアルにしてしまう

店舗開発部では、取引先情報を共有する目的で名刺を管理するためのマニュアルがあります。また、商談は組織のために行っているという考え方から、商談情報を部署内で共有するためのマニュアルもあるそうです。

■ 全業務をカバーしている

まずは、店舗業務に関する全部で 13 冊 2,000 ページで構成されるマニュアル MUJIGRAM を 2 年がかりで作りました。その後、本社業務に関するマニュアルづくりにも着手し、1 年がかりで各部門別に全 19 冊約 7,000 ページの「業務基準書」を完成させたそうです。

サービスの品質を維持することは、組織が大きくなればなるほど難しくなります。マニュアルを有効に活用する良品計画の取り組みは、どのようなサービ

スにも展開できる、良い見本だと思います。ただ、マニュアルを作ることが目的にならないように注意しなければなりません。

2.10
サービスの利害関係者

サービス消費者には、3種類の利害関係者が存在します。投資判断をするスポンサーは投資効果が高いことを期待します。サービス提供者と合意する顧客は、合意内容が適切に履行されることを期待します。ユーザーはサービスが快適に利用できることを期待します。

3種類の利害関係者とは

サービス消費者の中にもさまざまな利害関係者がいます。代表的な利害関係者は、投資に関する意思決定者である**スポンサー**、調達内容に関して責任を持つ契約責任者である**顧客**、そして、実際にサービスを利用する利用者である**ユーザー**です。

■■■ **サービスの利害関係者ごとのサービスへの期待**

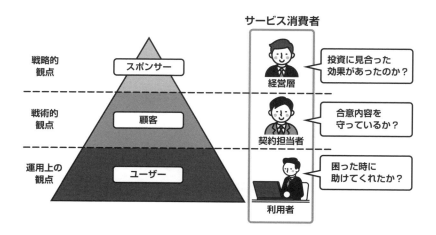

それぞれの利害関係者が抱く期待

　たとえば、あるホテルで顧客のために Wi-Fi のサービスを導入することに
なったとします。この時、ホテルのオーナーである経営者は、投資に対する権
限を持っていますからスポンサーになります。また、Wi-Fi の調達先や設置場
所などを決定する導入責任者であるマネージャーが顧客、サービスを実際に利
用する宿泊客や、Wi-Fi のサービスを案内する現場の従業員はユーザーになり
ます。

　小さなホテルであれば、このすべての役割を同一人物が担うこともあります。
しかし、組織が大きくなればなるほど、これらの役割を別の人間が担うことに
なります。注目すべき点は、スポンサー、顧客、ユーザーは、サービスに対し
てそれぞれ別の期待を抱いているということです。このケースにおける、利害
関係者の期待について考えてみましょう。

■■ スポンサー

　ホテルのオーナーは、ホテル経営を成功に導くための意思決定を行います。
オーナーにとっての最大の関心事は、投資に見合った見返りがあるかどうかと
いうことです。つまり、Wi-Fi の導入が客を増やしたり、顧客満足度を高めた
りして、ホテルのビジネスに貢献したか否かに関心があります。

■■ 顧客

　サービス消費者を代表してサービスを選択する顧客は、サービスの価値と費
用とのバランスを考慮して、サービス提供者と契約を結びます。Wi-Fi のサー
ビス提供者と協議をして、通信速度や通信機器の設置台数、設置場所など、具
体的な実現方法を決定します。顧客がサービス提供者に期待することは、サー
ビスが契約通りに提供されることです。

■■ ユーザー

　ホテルに提供される Wi-Fi サービスの場合、2 つのタイプのユーザーがいま
す。1 つは、Wi-Fi サービスを実際に利用するホテルの宿泊客です。この場合、
ユーザーは Wi-Fi がストレスなく快適に利用できることを期待します。

　また、別のタイプのユーザーとして、ホテルの従業員がいます。ホテルの従

業員は、宿泊客にパスワードを伝えたり、トラブル時にはサポート窓口に対応を依頼したりします。この場合、ユーザーであるホテルの従業員は、トラブルが発生した時に十分なサポートが受けられることを期待します。

　すべての関係者の利害が一致するとは限りません。たとえば、スポンサーはできるだけコストがかからないように、設置する機器の台数を減らそうとしても、ユーザーである従業員は、宿泊客からクレームがないようにより多くの機器を設置してほしいと考えているかもしれません。このようなケースでは、サービス消費者の代表である顧客が、サービス消費者全体の期待値を調整して、サービス提供者と交渉します。

2.11
サービスレベル管理

　サービスレベル管理は、サービスが顧客の期待通りに提供されるようにするための仕組みです。サービスに対する測定可能な目標値を設定することで、サービス提供者は利用者の目線でサービスの品質をコントロールすることができます。また、改善サイクルによって、継続的な改善を図ることができます。

サービスレベルアグリーメントとサービスレビュー

　サービスレベル管理は、サービスの提供者と消費者の間でサービス品質に関する具体的な目標値を設定することで、継続的にサービス品質の維持向上を図るための活動です。顧客はサービス消費者を代表してサービス提供者と話し合いを持ち、サービスの内容や品質の目標値とその優先順位、そして、その代金に関して合意を結びます。サービス提供者はサービス品質に関する合意文書を通じて、スポンサーやユーザーの期待も知ることができます。

　この文書は、**サービスレベルアグリーメント**（**SLA**：Service Level Agreement、サービスレベル合意書）と呼ばれ、測定可能なサービスの指標とその目標値が記されます。サービス運用中はその実績値を監視・測定し、定期的にレビュー

します。一般に、1ヵ月に1度くらいの頻度でサービスレビューは実施されます。

　サービス提供者にとっては顧客からのフィードバックを直接、聞くことができる絶好の機会となります。顧客の要望や懸念事項に耳を傾け、サービスの課題を掘り起こすことで、サービスをより事業のニーズに合ったものに変えていくことができます。

🔵 **サービスレベル管理の活動**

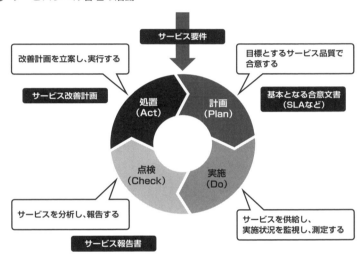

　SLAはシンプルでわかりやすい表現で記述すべきです。サービスの可用性はサービス品質を評価するうえで重要な指標になりますが、サービスが利用可能であった時間の割合である稼働率だけでは、ユーザーにとって実感が伴わない目標値になりがちです。年間のサービス停止回数やサービス回復時間に上限を設けたほうが、利用者にとっては分かりやすいかもしれません。

2.12
サービスマネジメントの重要性

　日本のメーカーが高品質の製品によってグローバル市場で競争力を獲得したように、顧客や市場のニーズにサービスを整合させるサービスマネジメントも、

組織が競争優位性を獲得するために欠くことができない能力です。IT サービスの管理は、企業の競争力を左右する経営レベルの重要な課題です。

なぜサービスの管理が重要なのか

　サービスを管理することが、なぜそれほど重要なのかと疑問に思われる方もいるでしょう。後にバブル時代と言われることになる 1980 年代後半には、トヨタ自動車（トヨタ）、本田技研工業（ホンダ）、ソニーなど、数多くの日本の企業が工業製品を輸出して成功を収めていました。ソニーのウォークマンのように技術革新によって世界を席巻した製品もありましたが、多くは製品の品質が高く、製造コストが抑えられていたために価格競争力があったことが主な成功要因でした。つまり、製造コストの削減も含めた製品の品質管理が、日本企業の世界進出を成功に導いたのです。

　サービスでも同じことが言えます。サービスの品質をより高いレベルでコントロールできることが、そのサービスの市場を制するのです。

　ホテルやレストランの紹介サイトを見ればわかるように、サービスの品質基準は 1 つではありません。高級ホテルに滞在したい客もいれば、安価で交通の便が良いホテルを求める客もいます。ただ、ある価値観を持つ集団は似通った判断基準を持っており、その判断基準をより高いレベルで満たすことによって、そのサービス市場で有利な立場に立つことができます。

　注目すべきは、サービスレベルを決めるのはサービスに対して投資を行うスポンサーであり、組織の経営層であるということです。つまり、経営層がサービスの内容を決定し、サービスの品質をコントロールできるのです。

　サービスへ投資することと、サービスの品質を管理することは別だと考える方がいるかもしれません。しかし、製造業の経営者が製品の品質に関心を持つことはないのでしょうか。サービスを提供する組織の経営者が事業で成功したいのであれば、サービスの品質に注目すべきです。また、直接サービスを提供することのない組織であっても、多くの業務が IT サービスに支えられている以上、サービスマネジメントは経営層が本気で取り組むべきテーマなのです。

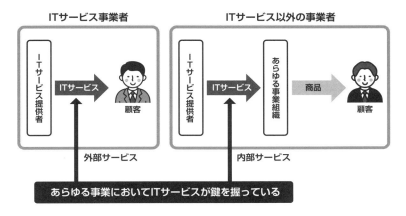

外部サービスと内部サービス

あらゆる事業においてITサービスが鍵を握っている

IT サービスは市場競争力の源泉である

セブン - イレブンの情報システム

　大量の情報を扱っている業界ほど情報システムへの依存度が高く、IT を用いて業務プロセスを進化させることで、市場競争力を獲得しようとしてきました。

　1982 年から POS（Point Of Sale：販売時点情報管理）を導入したコンビニ大手のセブン‐イレブンは、1985 年には各店舗で販売情報の分析ができるようになりました。POS で収集した情報から売れ筋などを分析し、販売状況に応じて商品を発注できるのは、当時としては画期的なことでした（ちなみに、ローソンはそれから 6 年後の 1988 年、ファミリーマートは 8 年後の 1990 年に POS を導入しています）。

　その後、POS から顧客の性別や年齢層などの情報が入力できるようになり、販売傾向をより詳しく分析できるようになっていきます。1995 年頃になると、GOT（Graphic Order Terminal）と呼ばれる携帯発注端末で、商品の売れ行き状況をグラフで確認しながら発注できるとともに、天候の情報なども発注する際の判断要因として取り込めるようになりました。さらに、検品情報を電子化することで、販売、欠品、在庫に関する情報が本部のデータウェアハウスにリアルタイムに蓄積されるようになりました。

　この結果、在庫量の推移や欠品していた時間帯などの情報も分析できるようになり、機会損失を回避するための対策が取られるようになったのです（参考文献：『セブン - イレブンとヤマト運輸のIT戦略分析―業界リーダーが持続的競争力をつくるメカニズム』／向正道［著］／中央経済社／2018年、105ページ）。

　　　セブン - イレブンの情報システムの推移（『セブン - イレブンとヤマト運輸のIT戦略分析―業界リーダーが持続的競争力をつくるメカニズム』を参考に作成）

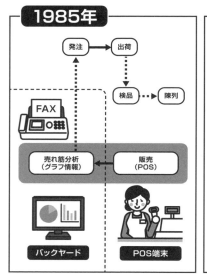
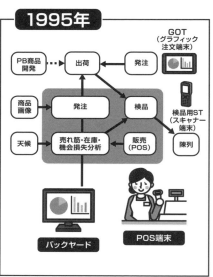

　　　リアルタイムの情報によって、業務が連携している範囲　　　PB商品：プライベートブランド商品

　これは今から四半世紀も前の話ですが、これらの変革には巨大な投資、つまり膨大な時間と労力が必要でした。そのため、投資に見合った見返りが期待できる、それ相応の規模のあるビジネスでなければ試みられることはありませんでした。しかしながら、ITのコストが劇的に下がり、さらに進化したIT技術が容易に入手できるようになった今日では、ITによって競争優位性を獲得できるか否かは、その組織の本気度にかかっている言っても過言ではありません。

■ GAFA の躍進を支える IT サービスの進化スピード

　現在ではGAFA（グーグル、アマゾン、フェイスブック、アップル）に代

表されるように、IT サービスによって世界を制覇する少数の企業が生まれています。しかし、先進の IT 技術を駆使するこれらの企業も、始めから圧倒的な競争優位性を保持していたわけではありません。アマゾンにはほとんど同時期に起業した eBay というライバル企業がいました。検索サービスのビジネスを開拓したのは Yahoo! であり、グーグルは検索エンジンを提供するだけの会社でした。フェイスブックは先行企業でしたが、競争がなかったわけではありません。アップルもまた、コンピューターメーカーとしてはむしろ低迷していた会社です。

これらの企業が急激に成長したのは、IT サービスを進化させるスピードにありました。それは、経営層がどれだけ IT に関与するかの違いであり、根底にあるのはセブン‐イレブンの経営層が 25 年前に抱いていた熱意と同じものなのです。

2.13
サービスへの投資を管理する 〜サービスポートフォリオ管理

競争優位性を高めるために、限られた経営資源をどのサービスの何に割り当てるかを判断するのは経営層の役割です。適切な判断を適切なタイミングで行うためには、現在と将来のサービスに関する正確な情報をいつでも参照できるようにしておく必要があります。

ポートフォリオ管理とは

顧客のニーズに整合するサービスを提供することを目的として発展してきたサービスマネジメントでしたが、その目的を達成するためには、サービスへの投資も管理する必要がありました。組織が利用するサービスを選択し、その内容とサービスレベルを決定するのは、スポンサーである組織の経営層です。経営層が適切な投資判断をするためには、それぞれのサービスの価値を正しく理解する必要があります。組織が有する限られた資源を有効に活用するために、それぞれのサービスの価値を説明し、意思決定を支援する活動が**サービスポートフォリオ管理**です。

　ポートフォリオは「書類を運ぶケース」から「部分的に差し替えることを前提とした文書」という意味になり、金融の世界では、投資バランスを検討するために収集された「顧客の資産の一覧とその組み合わせ」を意味するようになりました。たとえば、下の左図のように、資産家が保有している預金、土地、債権、有価証券のそれぞれのリスクとリターンを分析して、そのバランスを調整します。

◗ ポートフォリオ管理：投資バランスをとるための手段

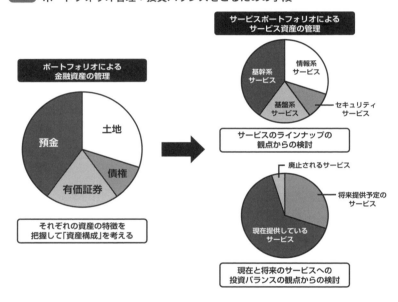

　サービスポートフォリオも考え方は同じです。プロバイダーが保有しているサービス資産の外観を表現します。上の右図の例では、ITへの投資バランスを、サービスの種類の観点から分析したり、既存サービスと将来のサービスという観点から概観したりしています。

IT 投資バランスの管理

　次ページの図は、経済産業省が2005年に公表した「業績評価参照モデル（PRM）を用いたITポートフォリオモデル 活用ガイド」に掲載されたITプ

ロジェクトポートフォリオの概念図です。この例では、IT プロジェクトへの投資を「戦略目的達成型」「業務効率化型」「インフラ構築型」に分類したうえで、「戦略適合性」「実現性」という 2 軸で IT 投資の分散を視覚的に捉えようとしています。

● IT プロジェクトポートフォリオの概念図（「業績評価参照モデル（PRM）を用いた IT ポートフォリオモデル 活用ガイド」（経済産業省／ 2005 年）図 2 を参考にして作成）

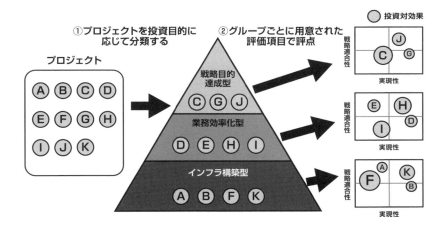

同様のアプローチをサービスに対して適用すると、まず「インフラ構築型」に対する投資は除外し、「戦略目的達成型」と「業務効率化型」への投資を 1 つにまとめ、それぞれの投資の戦略性と実現性に相対的な数値を当てはめます。たとえば、「社内コミュニケーションの強化」への投資は「戦略性 =0.5」「実現性 =0.5」などのようにです。さらに、投資額を円の大きさに反映させると、サービスに対する投資を視覚的に表現できます。次ページの図は、あるアンケート調査の結果をもとに、筆者が「投資額」「現在の事業への貢献度」「将来の事業への貢献度」に関するダミーのデータを付加して作成したものです。図の右下側の円は、現在の事業を維持するための投資、図の右上側の円は、リスクは高いものの将来の新たな事業のための投資と考えることができます。このようにポートフォリオ図は、現状の投資バランスを視覚的に表現することができ、経営層の意思決定を支援します。

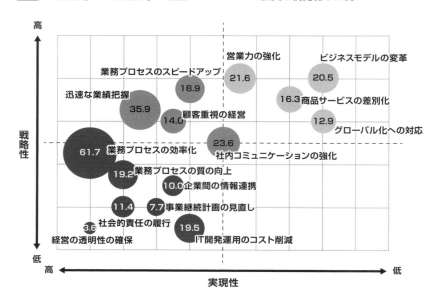

「戦略性」と「実現性」の観点でサービスへの投資を視覚化した例

投資判断を支援する

　他社との競争の中で競争優位性を獲得しようとすれば、不透明な将来に投資せざるを得ません。重要なのは、定期的に評価を行い、適切な修正を行うことです。サービスの利用状況や運用コストなどを監視することで、環境の変化をできるだけ早く察知して修正を加えていきます。

　日本の企業はリスクをとらないと評価されることがあります。リスクをとらなければチャンスはありません。すべてがリスクの大きな投資である必要はありませんが、バランスをとることは重要です。そのバランスを取るためにも、客観的な投資判断の情報を提供してくれるサービスポートフォリオ管理が必要なのです。

　現在のサービスすべてを管理しようとすると膨大な作業が必要かもしれません。無理することなく少しずつコントロールの範囲を広げ、徐々に監視下に置いていきます。

2.14
サービスマネジメントの系譜

　IT サービスで世界をリードする企業の強さは、主にサービスサイエンスと呼ばれる分野における研究によって解き明かされてきました。しかし、IT の領域で発展してきた IT サービスマネジメントや製造業で培われたリーン思考からも、その強さの秘密を考えてみる価値があります。

ITIL の歴史から見えるサービスマネジメントの変化

　筆者は、ITIL®（Information Technology Infrastructure Library、「アイテル」と発音）と呼ばれる IT サービスの管理法を、長年、多くの方に説明してきました。IT 業界以外の方には耳慣れない言葉かもしれませんが、ITIL® は業界標準の地位を確立した IT サービスマネジメントのフレームワークです。

　その始まりは、英国の政府機関が、1989 年から IT 管理に関する参考となる実践方法を収集して出版したことでした。その後、社会や技術の変化に応じて少しずつその内容を変え、適用範囲を広げながら現在の第 4 版に至っています。

　2007 年にリリースされた第 3 版あたりから、顧客のニーズに応えるだけではなく事業戦略との連携にも注目するようになり、第 4 版では現在躍進しているサービス提供組織を意識して、あらゆる領域の英知をカバーしようとしています。その中にはトヨタを源流とするリーン思考や、サービスサイエンスの分野におけるさまざまな研究成果も含まれています。

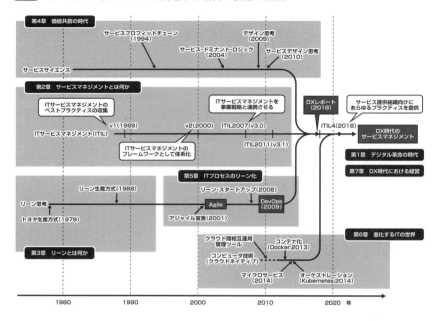

サービスマネジメントに関連する研究や技術の歴史

　本書の「第1章　デジタル革命の時代」ではデジタル革命の一端を、「第2章　サービスマネジメントとは何か」ではサービスマネジメントの概念を紹介してきました。「第3章　リーンとは何か」では、利益を追求する企業にとっての普遍的原則とも言えるリーンの概念を説明します。さらに「第4章　価値共創の時代」では、サービスサイエンスによって見出された英知をひも解いていきます。

　「第5章　ITプロセスのリーン化」と「第6章　進化するITの世界」では、今世紀に入ってからのコンピューター業界の動きを、最新のテクノロジーにも触れながら解説します。最後の「第7章　DX時代における経営」では、DX時代に組織が生き残るためのサービスマネジメントについて考察します。

2.15
サービスレベル管理の実践 〜東京海上日動グループ

　サービスレベル管理は、IT サービスの品質を管理するためには欠くことのできない、とても重要な活動です。その活動内容を具体的にイメージしていただくために、数々のメディアに取り上げられてきた IT サービスマネジメントの優れた参照事例を紹介します。

顧客が積極的に参加しサービスの品質をコントロールする

　サービスレベル管理は、IT サービスマネジメントの世界を牽引してきた ITIL® の、最初の出版物のタイトルでもあり、サービスマネジメントにとって最も重要な核となる概念です。

　サービスマネジメントは、形のないサービスの品質をどのようにして管理するべきかという、事業のニーズから発展してきました。そのニーズに応えるためのさまざまな試みの中から得られた知見が集約されて、サービスレベル管理と呼ばれる一連の活動になりました。それは、サービスの品質に関する測定可能な目標値を設定し、顧客とサービス提供者の間で合意した内容を文書化し、実際のパフォーマンスを監視することでサービス品質を保証するという仕組みです。

　日本では、サービス提供者が自社のサービス品質を向上させるため、あるいはその品質をアピールするためにサービスレベル管理を行うケースがほとんどです。たしかにこの活動は、不特定多数の顧客にサービスを提供するサービス提供者が、その能力を市場にアピールする手段として有効ですが、もう 1 つの利用法についてはあまり語られることがありません。この活動は、顧客がサービスの品質をコントロールするために生まれてきました。顧客とサービス提供者が固定的なケースでは、顧客自身がサービスに何を望んでいるかを理解していなければ、サービス提供者が目標とする、サービスのあるべき姿もあいまいになってしまいます。

　まずは、顧客が事業の達成目標と、それを支えるサービスのあるべき姿を具体的に考えてから、目標とするサービスレベルを設定すべきです。以降では、

東京海上日動火災保険が、その情報システム子会社である東京海上日動システムズ社と、2001年から取り組んでいるサービス改善活動の中から、サービスレベル管理の活動を紹介します。

東京海上日動システムズの取り組み

　東京海上日動システムズは2001年当時、30万台の端末がアクセスする巨大システムを管理し、グループ会社や代理店に、ピーク時で1日に720万件のオンライン処理、月に2,500万枚の印刷処理などのサービスを提供していました。

　このサービスのスポンサーである東京海上日動火災保険は、トラブルでサービスが利用できない事象が多発していることを問題視していました。そこで、端末から処理を要求する対話型サービスにはサービスの可用性、つまり、サービスが利用できた割合を示す稼働率を、文書を大量に印刷するようなバッチ型の処理に対しては誤処理件数や遅延データ数を評価指標にして、サービスの品質を管理することにしました。

　しかし、その評価指標だけでは、サービス停止が日中でも深夜でも同じ重みで扱われるため、事業への影響度を適切に反映させることができません。そこで、障害の影響を受けた業務の範囲や重要性、時間帯、再発の有無などを反映させたお客様迷惑度と呼ばれる指標を追加することで、サービスレベルの指標を顧客の感覚に近づけることに成功したそうです。

対話型サービスとバッチ型サービスの評価指標の例

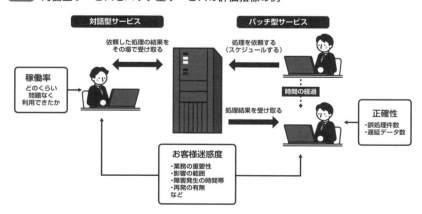

サービス品質とコストのバランスを考える

　高いサービス品質を望めば、それだけコストがかかります。サービスレベル管理の役割は、サービス品質とコストのバランスを取ることです。たとえば同じ対話型処理でも、社内と社外では許容レベルが違います。自社の商品を販売してくれる代理店は損保会社にとっては顧客であり、社内より高いサービス品質が求められます。顧客が求めるサービスレベルとコストのバランスを考慮することで、適切なサービスレベルを目標として設定することができます。

サービスレベルの定期的な見直し（『実践！ ITサービス・マネジメント　第2回　SLAを基盤に意識改革，障害対応の組織力を高める』（日経クロステック）を参考に作成）
https://xtech.nikkei.com/it/article/COLUMN/20080304/295374/

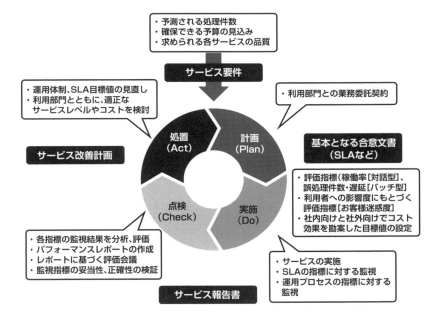

　東京海上日動グループにおけるサービスレベル管理の優れている点は、前年度の実績をもとに次年度のサービスレベルを検討しているところです。選択肢の中には、前年度の実績より低い目標値もあり、顧客はサービス品質を落としてコストを削減することもできます。実際に、サービスの重要性に応じて目標とする可用性を見直し、サービスによっては冗長化構成を廃止したり、保守契

約を解約したりしたそうです。そして、2009 年度には保守費用として 4 億円を確保していましたが、およそ 7,000 万円で済ませたそうです。

第2章のまとめ

　サービスマネジメントとは、サービスへの投資とサービス品質を管理することです。サービス提供者自身と消費者の双方が満足する価値交換を実現するために、サービスの品質を管理しなければなりません。サービスの価値は消費者の主観によって判断されるため、製品の品質管理とは異なる難しさがあります。しかしその基本は、サービスの供給プロセスを定義して、継続的に改善することです。また、サービス提供者が市場競争の中で生き残るためには、消費者が何に対して価値を感じるかを他よりも正確に把握してサービスを継続的に進化させることが求められるため、サービスへの投資も管理する必要があります。

継続的な改善

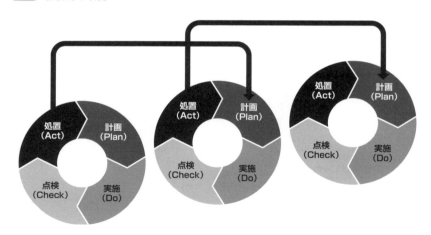

　サービス提供組織を成功に導くために、その経営層がサービスマネジメントに本気で取り組むのは当然ですが、IT サービスが組織のパフォーマンスに大きな影響を与える現代社会においては、IT サービスを本業としない組織にとっても、経営層が真剣に取り組むべきテーマになっています。

第3章
リーンとは何か

　ムダのない生産方式を表現するために「贅肉のない」（Lean：リーン）という言葉が使われたのは、マサチューセッツ工科大学（MIT）の博士課程に在学中だったジョン・クラフチック氏の論文「Triumph of the Lean Production System（リーン生産方式の勝利）」（1988 年）が最初と言われています。これは、当時競争力があった日本の自動車生産システムを研究するために MIT が主導して立ち上げた国際自動車研究プログラム（International Motor Vehicle Program：IMVP）における成果の１つでした。このプログラムの中心人物であったジェームズ・P・ウォマック教授らは『The Machine that Changed the World』（1990 年、邦題『リーン生産方式が、世界の自動車産業をこう変える。―最強の日本車メーカーを欧米が追い越す日』）を著し、その成果を公表しました。クラフチック氏の研究成果も収められているこの本は、世界中の自動車産業に大きな影響を与え、それ以降、リーンという言葉が自動車産業以外でも使われるようになりました。

　この章では、今から 30 年も前に選ばれたこの言葉が、どのような意味を持っているかについて考えていきます。

3.1
リーン生産方式の誕生

　リーンという言葉は、工場の生産現場から徹底的にムダを取り除いた生産方式という意味で用いられるようになりました。大量生産方式と比較されるこの方式は、必要なものを必要な時に必要なだけ生産すること、不良品を後工程に回さないこと、従業員にやりがいをもって働いてもらうことを目指しています。

■ 大量生産方式 vs. リーン生産方式

　1980 年代、日米貿易摩擦が激しくなるにつれて、米国内に工場を建設することで政治問題化を避けようとする動きがありました。トヨタ自動車（以下、「トヨタ」と記述）と GM（General Motors：ゼネラルモーターズ）は、1982 年に NUMMI（New United Motor Manufacturing, Inc.）という合弁会社を設立し、トヨタの生産技術をその工場に移植しました。

　自動車産業で日本企業が躍進する中で、クラフチック氏は日米欧の各自動車メーカーの品質や生産性を比較して、「Triumph of the Lean Production

System（リーン生産方式の勝利）」というタイトルの論文にまとめました。その時、研究対象に選ばれたのが、トヨタのトヨタ生産方式（Toyota Production System：TPS）です。リーンという言葉が使われたのは、トヨタの生産技術が米国の企業にも導入されている中で、高い生産性で高品質の製品を作っているのは、必ずしも日本に親会社を持つ自動車工場だけではないと、当時の日米摩擦を気遣ったためとも言われています。

その論文の中に記された、大量生産方式とリーン生産方式の違いについて、生産性、品質、人員配置という3つの観点に絞って比較し、その要点を示します。

● 大量生産方式とリーン生産方式の比較（『リーン生産方式が、世界の自動車産業をこう変える。─最強の日本車メーカーを欧米が追い越す日』を参考にして作成）

	大量生産方式	リーン生産方式
生産性を高める工夫	部品を余分に作ることで、ラインを止めずにできるだけたくさん作る	注文に応じて生産することで、部品と完成品の在庫をできるだけ持たないようにする
品質を高める工夫	ラインはできるだけ止めず、最後の品質検査で不具合を解消する	不具合を発見したらすぐにラインを止め、原因を除去してから再開する
人員配置における工夫	マネージャー、工員、品質検査員の役割と責任が明確に分けられている	工員は品質管理や工作機械のメンテナンスなども行い、リーダーは欠員が生じた際などには作業を助ける

■ 生産性を高める工夫

大量生産方式の組立ラインには、予想外のトラブルが発生しても生産を継続させるためのバッファーがありました。たとえば、装置が急に故障したとしても、各工程の間の在庫に余裕を持たせることで生産を継続できました。

リーン生産方式では、在庫を最小限に抑えます。それは、在庫が切れた時点で生産活動全体が停止することを意味します。リーン生産方式では、十分に訓練を受けた従業員、柔軟な対応能力のあるサプライヤー、生産工程を考慮した製品設計などによって、在庫切れになるリスクを十分に低減しています。在庫を最小限に抑えることで、必要となる組織のリソースを削減し、キャッシュフローを速め、経営に余裕を生み出します。

■ 品質を高める工夫

ラインを止めることは、生産台数が減少することを意味します。大量生産方式では、多少の不具合があってもラインを止めず、組立ラインの最終段階に広いエリアを設け、品質を保証するための検査と調整が行われていました。

リーン生産方式では、不具合を発見したらすぐにラインを停止させ、全員で調査を行って原因を特定します。その原因を取り除くことで、後工程に不良品を流さないようにします。結果として、ラインの最終段階において調整作業をする必要はなく、長期的には高品質の製品が作られるようになり、生産性の向上に貢献しました。

■ 人員配置における工夫

大量生産方式では、作業を分解してできるだけ単純にし、各工員に割り当てることで、ラインの速度を速め生産性の向上を図ります。工員は1日中、同じ単純作業を繰り返し行うことになります。現場監督は、工員に指示することはあっても、決して工員の手助けをすることはありません。

一方、リーン生産方式の工場で働く工員は生産作業だけではなく、機械のメンテナンス、作業効率の記録、品質管理など、別の仕事についても学び、状況に応じてそれらの作業を組み合わせます。チームのリーダーは、通常は作業全体を監督しますが、急な欠員が出た時などには、ラインに参加することで作業の停滞を防ぎます。

大量生産方式は、生産性を向上させる画期的な仕組みでした。その仕組みに改良を加えたトヨタの生産方式は、それまでの常識を覆すようなやり方でしたが、科学的実験を繰り返す中でたどり着いた、理に適ったさらに優れた方法だったのです。

3.2
バリューストリーム（価値の流れ）

私たちの経済は価値交換によって成り立っています。組織におけるモノや情報は、価値を創造するために部門から部門へと引き継がれ、最終的には現金に

なって返ってきます。このバリューストリーム（価値の流れ）を太くて速いものにすることが企業に利益をもたらします。

価値の循環サイクルとバリューストリーム

　経済は、物々交換から始まりました。たとえば農民と漁民の物々交換は、農作物の価値と漁獲物の価値を交換しているということです。そこには価値の移動、すなわちバリューストリームがあります。

●●●● 物々交換における価値の移動

　時代は変わり、工場では調達した材料を加工して、より価値のある製品が作られるようになりました。工場の各工程では、部品を組み立てたり、磨いたり、塗装をしたりすることで価値を追加し、より大きな価値のある部品として次の工程に引き渡します。最後の工程では、製品としての品質が検査され、合格した製品は工場から出荷されていきます。価値が少しずつ追加され、より価値あるものになっていく、この一連の工程もまたバリューストリームです。

●●●● 工場における価値を付加する工程

消費者が商品を購入する際に、その代金を支払うこともバリューストリームの1つです。しかし、もう1つ忘れてはならないバリューストリームがあります。それは、消費者からのフィードバックです。

たとえば、商品を利用した消費者が、その感想を製造会社に伝達すれば、次の商品開発に対するヒントになります。それは、生産者にとって価値ある情報であり、次のバリューストリームの源流になります。このように、モノや情報が人や組織の間を流れることによって、価値もまたそれらと一緒に流れているのです。

■■■ **生産者と消費者間のバリューストリーム**

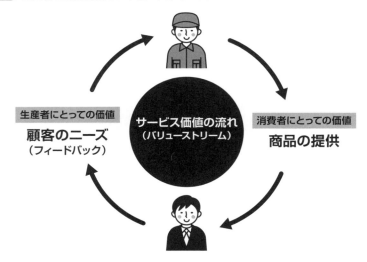

バリューストリームの速さ

このバリューストリームには毎日、頻繁に行き交うものもあれば、何年もかけて循環するものもあります。自動車会社にとって車を販売することは、日常的に発生するバリューストリームです。顧客から注文を受け取り、工場に生産を依頼し、完成した車を顧客に届けます。最後に代金を受け取ることでこの流れは終了します。

会社が利益を生み出すことを目的にする組織である以上、それぞれの従業員

はどこかでこの流れに参加しています。バリューストリームはキャッシュフローの形を変えたものであり、この流れを速めることは、キャッシュフローの改善につながります。従業員がどのような形でバリューストリームに参加しているかを理解し、その流れの中から淀みを発見して取り除くことができれば、より会社に貢献できます。

　自動車会社は、車を出荷するまでの日数を減らすことでバリューストリームを速める努力をしています。それは、より早く現金を手にすることができるからです。

● モノと情報の流れ（バリューストリーム）

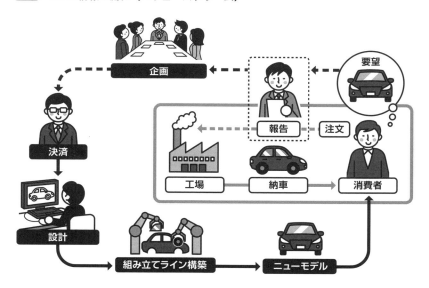

　一方で、新車をリリースすることは、数年かけて一巡するバリューストリームです。顧客の声や市場のニーズを分析し、次の時代に求められる車を設計して市場に投入します。この場合も、新たなモデルの車を投入するために費やされた資金を回収することでバリューストリームは終了します。自動車メーカーには、顧客のニーズに応える車を他社より早く完成させて市場に投入することが求められています。

　日本の自動車メーカーの強みに注目が集まるようになった1980年代後半、

ホンダがアコードのニューモデルをリリースするのに要した期間が4年だった
のに対し、欧米の量産メーカーではおよそ倍の年月が費やされていたそうです。
その頃から、価値の流れから淀み（ムダ）を取り除くことが、企業が効率良く
利益を得る手段であると理解されるようになり、リーン生産方式が注目を浴び
るようになりました。

3.3
トヨタ生産方式〜リーン生産方式の源流

　トヨタは、自動車の生産現場からムダを取り除くためにさまざまな工夫をし
ました。トヨタ生産方式の代名詞となっている**ジャストインタイム**や**カンバン
方式**は、必要なものを、必要な時に、必要なだけ生産するプル型の生産システ
ムを意味しています。

ジャストインタイムとカンバン

　それまで自動車メーカーが採用していた大量生産方式は、できるだけライン
を止めずに作り続けることで、工場における生産台数をできるだけ増やすこと
が目標でした。実需にもとづかない見込み生産（プッシュ型生産システム）は、
売り手市場であれば問題ないのですが、需要が減少すると現金に換えることが
できない車が在庫として増えてしまいます。

　そこでトヨタは、注文を受けてから作る仕組に変えました。後工程で発生
した実需に基づいて生産することから、ムダな完成品を作ることがなくなりま
す。これをプル型生産システムと呼んでおり、未完成の部品も含め全体の在庫
を減らすことができます。

● ● ● プッシュ型生産システムとプル型生産システム

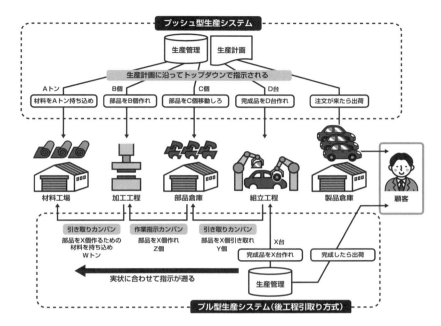

　企業が利益を上げるためには、コストを抑えながら、より速くより多くの価値を生み出さなければなりません。それを達成するためには、工場が部品を調達し、加工したり組み立てたりしながら製品を作り上げていくバリューストリームから、ムダを取り除く必要があります。

　このムダ取りが、企業に利益をもたらすことに目をつけ、執拗に取り組んだのがトヨタでした。のちにトヨタ生産方式の代名詞にもなるジャストインタイムは、このムダ取りの最終形です。つまり、「必要となるちょうどその時（ジャストインタイム）」に必要なモノを入手できることが理想だからです。

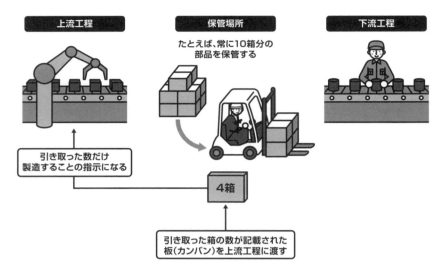

後工程引取りの仕組みとカンバンの役割

上流工程　　　　保管場所　　　　下流工程

たとえば、常に10箱分の
部品を保管する

引き取った数だけ
製造することの指示になる

4箱

引き取った箱の数が記載された
板（カンバン）を上流工程に渡す

　トヨタの創業者である豊田喜一郎氏は、ちょうどその時に欲しいという意味で「Just In Time」という言葉を使いました。英語的にはどうも正しくないらしいのですが、今や「ジャストインタイム」という和製英語が、トヨタ生産方式の代名詞として使われています。

　トヨタ生産方式には、カンバン方式というもう1つの名前があります。販売予測によって生産数を設定すると、その予測が外れた時に作りすぎのムダが生じてしまいます。そこで、顧客に売れた分だけ作ることにしました。これが、後工程引取り方式とも呼ばれるプル型生産システムで、下流工程から上流工程に生産数を伝える方法です。

　雑然とした工場の中で正確な情報伝達を適切なタイミングで行うために、指示の内容が記された板が用いられました。このカンバンと呼ばれる板によって生産量が物理的（視覚的）にコントロールされるため、カンバン方式と呼ばれるようになりました。

3.4
リーン思考とトヨタの知見

　試行錯誤を繰り返しながら蓄積されたトヨタの知見は、リーン生産方式として体系的に説明され、世界中の工場に広まりました。高い生産性と高品質の製品を生産する仕組みは海外にも知られるようになりましたが、従業員の問題解決能力とそれを育む仕組みが伝わることはありませんでした。

トヨタ生産方式からリーン生産方式へ

　「必要なものを、必要な時に、必要なだけ、できるだけ不良品を出さずに生産する仕組み」であるトヨタ生産方式は、試行錯誤を繰り返しながら洗練されてきました。それまで蓄積された知見が広く知られるようになったのは、1978 年に大野耐一氏が『トヨタ生産方式—脱規模の経営をめざして』（ダイヤモンド社）を著してからでした。

　その後、GM との合弁事業（NUMMI）や国際自動車研究プログラム（IMVP）によって、トヨタ生産方式の俊逸性が認められるようになりました。やがて『リーン生産方式が、世界の自動車産業をこう変える。—最強の日本車メーカーを欧米が追い越す日』で紹介された数々の管理技法は、世界中の工場に広まりました。そして、価値の流れからムダを取り除く考え方をリーン思考、その考え方や管理技法を適用した業務改革をリーン化と呼ぶようになりました。

　工場が部品を調達して、加工したり、組み立てたりしながら製品を作り上げていく過程を、トヨタは価値の流れ（バリューストリーム）と捉えました。そして、どこにムダが潜んでいるかを誰もが理解できるよう、ムダを 7 種類（作りすぎのムダ、手待ちのムダ、運搬のムダ、加工のムダ、在庫のムダ、動作のムダ、不良品を作るムダ）に分類して、それぞれのムダの取り方についての知見を蓄積しました。

　たとえば、価値の流れはモノと情報の流れであるとし、モノと情報の流れ図（バリューストリームマップ）という図を描いて、工場のムダを視覚化しました。モノと情報の流れ図は、利害関係者が組織全体の価値の流れを広い視野で概観し、その流れを最適化するための話し合いの場を提供してくれます。

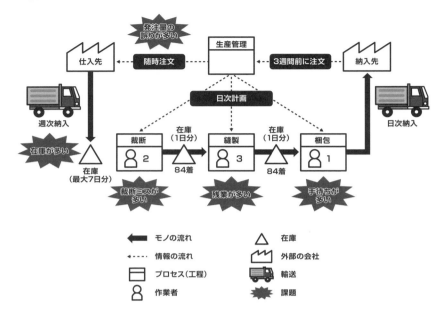

モノと情報の流れ図（バリューストリームマップ）

トヨタ生産方式のさまざまな技法

　トヨタ生産方式の2本柱は、ジャストインタイムと自働化です。顧客を満足させながら組織が利益を得るためには、良い製品をより早く提供する必要があります。製品の品質を保つために自働化に工夫を凝らし、製品を早く提供するためにジャストインタイムに磨きをかけたのです。

　生産現場からムダをなくすことが目的のジャストインタイムでは、工場の効率化を図る平準化生産や小ロット生産と呼ばれる考え方と、それを実現するさまざまな管理技法が生まれました。また、ムダを排除するために工場の生産量や外部からの仕入れを物理的にコントロールする、カンバンと呼ばれる管理技法も見出されました。そして、自働化では、人がシステムに関与することで不良品を下流工程に流さないことが優先され、ラインを止めて全員で不具合を調査するアンドンや、不良品を減らすポカヨケなどの工夫がなされました。

● トヨタが生み出したさまざまな管理技法

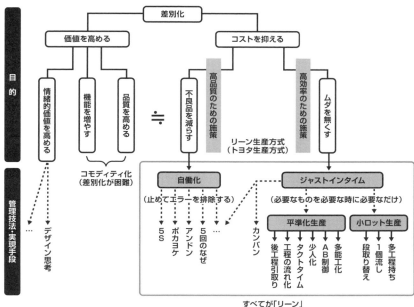

トヨタ生産方式とリーン生産方式は厳密には違うと言う人もいます。1990年代、米国の自動車会社は、トヨタの生産管理技術をトップダウンで導入して経営を立て直しました。しかし、しばらくすると成長が頭打ちになりました。このことで、トヨタの真の競争力は、すでに確立されている考え方や技法ではなく、社員一人ひとりの問題解決能力にあるという結論に至りました。つまり、ある時点でトヨタの最新の生産技術を導入したとしても、改善の文化を絶やさない仕組みが存在しない限り、いずれ組織を進化させるエネルギーは衰えてしまい、競争力を失ってしまうのです。その仕組みが DNA のように引き継がれているトヨタは、現在でも成長を続けています。

2009 年に出版された『Toyota KATA』（邦題『トヨタのカタ　驚異の業績を支える思考と行動のルーティン』／日経 BP）の著者であるマイク・ローザー氏は、著書の中で次のように指摘しました。

私たちは、セル生産やカンバンといった生産手法や特殊な原則がトヨタの競争優

位の源泉であると信じる傾向があるが、トヨタが成功しているいちばん重要な要素は、全社員のスキルと行動である。いまになって考えれば、これこそがトヨタと他社を差別化するおもな要因である。それは人間の行動様式の問題だ。

（『トヨタのカタ　驚異の業績を支える思考と行動のルーティン』／マイク・ローザー［著］／稲垣公夫［訳］／日経BP／2016年／45-46ページ）

3.5
価値の流れを速くする～１個流し

　トヨタは、小ロット生産が大量生産より有利であることに気づきました。その究極の形が **１個流し生産** です。一度に生産する個数を少なくすれば、完成までの時間を短縮させ、在庫を減らし、フィードバックを早く取り入れることができます。

バッチ方式と１個流し

　バッチ（batch）とは「一束（ひとたば）」のことで、一度に処理するまとまりを意味しています。工場において「バッチを小さくする」というのは、製品を少しずつ作ることを意味します。製品を少しずつ作れば、より早く顧客に完成品を届けることができるだけではなく、不良品を早く見つけることにもつながり、欠陥のムダが生じるリスクを低減します。１個流しは、バッチを極限まで小さくした理想の状態であり、在庫を減らしてリードタイムを短縮できます。

　「まとめて作業をするよりも、１個ずつ製品を完成させるほうが早い」というのは、直感ではなかなか受け入れ難い事実です。よく例に出されるのが「手紙をたたみ」「封筒に入れ」「糊で封をして」「切手を貼って」手紙を完成させる作業です。ここでは、いったんすべての手紙をたたみ、次にすべてを封筒に入れ、さらにすべての封筒を糊でとじ、最後にまとめて切手を貼る方法をバッチ方式と呼ぶことにします。この時、10組の手紙をバッチ方式で作るよりも、１つずつ10組完成させる１個流し方式のほうが早く終了します。

● バッチ方式と1個流し

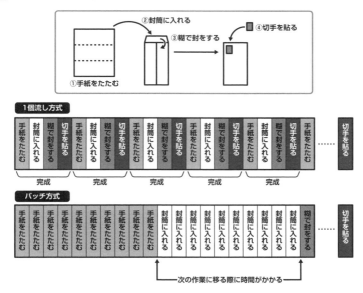

　これはバッチ方式の場合、次の作業に移る際に作業のために物を移動する時間がかかるためです。作業している本人は、1つの作業に集中できることから、バッチ方式のほうが短時間で処理したように感じます。しかし、実際には1個流し方式のほうがより早く終了しているのです。何も知らされずに試される被験者は、この結果を聞いて驚くことさえあります。納得できない方は、YouTubeなどに1個流しの実験動画がいくつか登録されているので確認してみてください。

　1個流しは、全体の作業を短時間に処理するだけではなく、次のようなメリットがあります。

- 完成するまでのリードタイムが短い（最初の1個がより早く完成する）
- 在庫を少なくできる
- 完成品からのフィードバックを早く取り入れられる（とくに工程の欠陥に早く気づくことができれば、不良品の数を減らせる）

　もちろん、作業内容によっては1個ずつ作ることが最善ではない場合もあります。ただ、1個流しは、生産システムがどうあるべきかという本質を理解させてくれます。

3.6 チームワークを重視する〜多能工化

多能工化とは、従業員が複数の業務をこなせるように育成することです。複数の業務を任せるということは、従業員により大きな負担をかけるというイメージを持つ人もいます。しかし、それはまったく逆の話です。もちろん、その可能性がないわけではありませんが、本来は作業を分散して労働環境を改善したり、生産性を向上させたりするために用います。

多能工化のメリット

次から次へと新技術が生まれてくるITの世界では、スペシャリストと呼ばれる専門家が必要でした。しかし、クラウドや自動化の技術によって基盤技術に深く踏み込む必要がなくなりつつあります。その一方で、さまざまな技術を組み合わせた新たなソリューションを創造するために、複数の技術に精通する人材が求められるようになってきています。

作業負荷の平準化

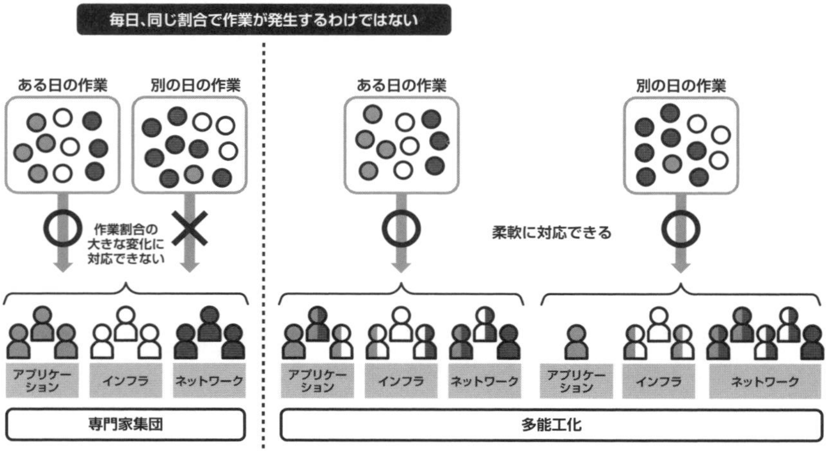

毎日、同じ割合で作業が発生するわけではない
ある日の作業
別の日の作業
作業割合の
大きな変化に
対応できない
アプリケーション
インフラ
ネットワーク
専門家集団
ある日の作業
別の日の作業
柔軟に対応できる
アプリケーション
インフラ
ネットワーク
アプリケーション
インフラ
ネットワーク
多能工化

　多能工化は、工場で別の機械の操作や複数の異なる作業ができるスタッフを育て、注文数に応じて生産ラインを柔軟に調整するための管理技法でした。1人が複数の業務をこなすことで、業務効率を高めるだけではなく、従業員は幅広い視野、経験、スキルを習得できます。

　また、従業員全体を1つのチームとして機能させることで、お互いが助け合う関係が生まれます。休暇が取りやすくなり、チームワークが生まれ、人間関係が強固になります。さらに、それぞれの業務を複数の従業員が担当することで、業務の透明性も確保できます。

　多能工化の主なメリットとして、次のものを挙げることができます。

- 作業負荷を平準化できる
- 業務効率を高めることができる
- 組織を柔軟に運用できる
- 従業員の視野が広がる
- 業務の透明性を確保できる
- チームワークが向上する

　注意しなければいけないのは、これらのメリットは運用次第でデメリットにもなり得るということです。どんな作業でもできるからといって無理に仕事を詰め込めば、従業員を疲弊させ、人間関係を悪化させる要因になります。逆に上手に活用すれば、組織を活性化させ、従業員同士の信頼関係を深めることにつながります。従業員の多能工化は、経営の見本と見なされている星野リゾートやスターバックスなど、サービス産業の優良企業でも採用されています。

現場におけるチームリーダーの役割

　トヨタ生産方式には多能工化以外にも、流れの平準化を図るための仕組みがあります。それは、チームにおけるリーダーの存在です。日本の工場にはチームリーダーがいて、病気などで工員が休んだ時にリーダーがその穴を埋めるため、価値の流れに淀みが生じることがありません。

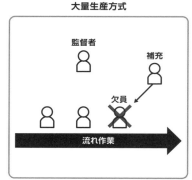

リーダーが流れ作業に参加することもあるリーン生産方式

欧米では、監督者と工員の役割が明確に分かれており、監督者が工員として作業をするという発想はありませんでした。そのため、欠員を補充するまで生産量を減らすか、常に予備の要員を確保しておく必要がありました。

3.7
品質を作り込む～アンドンとポカヨケ

トヨタでは製造作業を機械に任せることを「自動化」ではなく、「動」の字にニンベンを付け「自働化」と書きます。その理由は機械にすべてを任せるのではなく、人が関与して品質をコントロールするという基本理念があるからです。その哲学の下で生まれた代表的な品質管理技法であるアンドンとポカヨケを紹介します。

アンドン

トヨタ生産方式の管理技法の1つである**アンドン**は、照明器具の「行燈」に由来します。工場のラインで異常に気づいた時にボタンを押すと、すぐにラインが止まり、同僚に知らせるためのランプがつくという仕組みから名付けられ

ました。ランプがついたら直ちに全員で調べ、異常の原因が明らかにならないうちはラインを動かすことはありません。

この仕組みは、豊田自動織機の時代にまで遡ります。豊田佐吉氏によって開発された当時の自動織機は、縦糸が切れた時に自動的に止まる仕組みになっていました。止めることによって不良品を出し続けない工夫がなされていたのです。

大量生産方式の工場では、ラインを止めれば生産数が減少するので、生産過程における不具合に気がついてもラインを止めることを躊躇します。トヨタでは、積極的にラインを止めることを推奨していました。そこには、異常が発生した時にすぐに機械を止めて、後工程には不良品を渡さないというトヨタの哲学が息づいているのです。

下図はアンドンの一例です。「1」「2」「3」というライン番号と「赤」「黄」「白」からなる電光掲示板で、機械が異常などで停止した場合には該当ライン番号の「赤」が点灯し、工具交換の際には「黄」が点灯します。関係者全員が直感的に今の状態を知ることができます。下図中央は、2のラインで何らかのトラブルが発生してラインが止まっていることを表しています。

アンドンの例

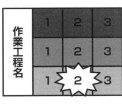 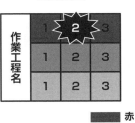 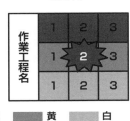

1980年代までの多くの自動車会社の工場では、積極的にラインを止めることなど考えられもしませんでした。しかし、現実には組み立て工場の終着点には広いスペースが確保されており、品質検査を通らなかった数多くの車に対する調整がなされていました。一方、トヨタの工場は、立ち上がりの時点ではラインが頻繁に止まるために生産性はそれほど高くありませんが、製造工程の不具合が解消されるにつれて徐々に生産性が上がり、最終的には品質の高い製品

が淀みなく作られるようになったのです。

ポカヨケ

　ポカヨケは、うっかりした人為的ミス（ポカ）を回避する（よける）ことを意味しています。具体的には、工場などの製造ラインに設置された、作業ミスを物理的に防止する仕組みや装置のことです。他にも、伝票や作業指示書の見間違い、異物の混入、部品の組み忘れや検査漏れなどのミスが工場の現場では起こりがちです。それを回避する、あるいは、発生してもすぐに気づく仕組みをポカヨケと呼び、改善活動の1つとして推奨されてきました。

　ポカヨケは、私たちの身近にもたくさんあります。たとえば、USB（Type A）の接続部の形状は、逆には差し込めないように設計されています。工場ではさまざまな部品を接続しますが、間違って組み立てられないように形状を少しだけ変えるなどの工夫がなされています。

　🔵 **USB におけるポカヨケの設計**

メス

オス

3.8
トヨタの型①〜改善の型

　トヨタには、空気のように存在する社員の行動パターンがあります。それは、全社員が日常的に小さな改善に取り組む姿勢であり、その姿勢をルーチン化して体に覚えさせるトヨタの教育システムです。

　リーン生産方式のコンサルタントであるマイク・ローザー氏は、組織の課題を解決するための行動様式を**改善の型**、その型を指導するための行動様式を**コーチングの型**と呼びました。そして、この2つこそが、トヨタが競争力を絶やさない**トヨタの型**であると指摘しました。

トヨタの改善の型とは

　改善の型は、①あるべき状態を設定して、②問題の本質を把握し、③あるべき状態により近い次の状態へ移行するための計画を立案します。そして、④科学的実験を繰り返して次の状態へ進みます。

● 出発後に詳細が分かりはじめる（出典：『トヨタのカタ　驚異の業績を支える思考と行動のルーティン』／マイク・ローザー［著］／稲垣公夫［訳］／日経BP／2016年／181ページ）

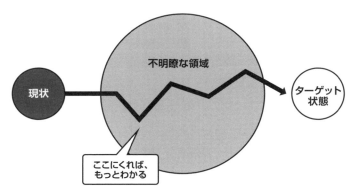

　トヨタでは計画を立てる時に、最初にあるべき状態を定義します。しかし、その後どのようにしてあるべき状態に近づいていくかは、改善に取り組む当事

者に任されています。改善の型の特徴は、具体的な解決策を決めつけずに柔軟に考えることです。「今どこにいるか」を確認して、次のステップに進むための課題を設定します。そして、その課題を乗り越えるための仮定と実験を繰り返しながら前進していくのです。最初にあるべき状態を設定することで、不確かな場面においても、学びながら少しずつ正しい方向に進むことができます。

トヨタでは改善提案をA3用紙1枚にまとめます。

● A3フォーマットの例（出典：『トヨタのカタ　驚異の業績を支える思考と行動のルーティン』／マイク・ローザー［著］／稲垣公夫［訳］／日経BP／2016年／310ページ）

A3作成者はストーリー作成のためにメンターを必要とする

テーマとビジネスケース ・このA3は何に関してのものか？ ・なぜ、これをやっているのか？	**現状からターゲットの状態へ移る** 計画した活動を説明する。 計画は予想にすぎないので、途中でPDCAをまわすことが重要。
現状（初期状態） 現場で行った分析に基づく（行ってみる）。 箇条書きで十分。 何らかの側面で測定可能であること。	
ターゲット状態 未来の時点の状態を説明する。 明確で具体的に描く。 達成したかどうかわかるように、何らかの側面で測定可能であること。	**指標**
	承認サイン 承認を示す署名でこの計画は進められる。

A3用紙1枚にまとめるためには、物事を深く考えて問題の本質を十分に把握していなければなりません。次に、現状からターゲットの状態に移行するための計画を立案するわけですが、指導する立場の人間は、担当者が十分に問題を掘り下げているか、あらゆる角度から検討しているかなど、さまざまな問いかけをしてその社員を鍛えます。やがて、その社員は問題を深く考察することを覚え、問題解決能力を高めていきます。

3.9
トヨタの型②〜コーチングの型

　学習者に深く考えさせることで成長を促すのがコーチの役割です。コーチングの型は、改善の型に対応する活動になります。トヨタでは、全社員が日常の改善活動を通して改善の型を、指導する立場の者はそれに加えてコーチングの型を身につけていきます。上層の幹部ですらコーチがいて、常に成長の機会が与えられています。

コーチングの型とは

　トヨタのすべての従業員は、業務の改善を常に考えています。自身に与えられている業務のあるべき状態を設定し、現状の課題とその本質を理解し、あるべき状態へ至る過程の、次の状態へ移行する計画を立案します。そして、その「次の状態」へ進むために科学的実験を繰り返します。

⬤　「コーチングの型」は「改善の型」の鏡像（出典：『ザ・トヨタウェイ　サービス業のリーン改革（下）』／ジェフリー・K・ライカー、カーリン・ロス［著］／稲垣公夫、成沢俊子［訳］／日経BP ／ 2019年／ 212ページ）

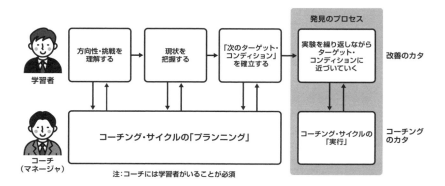

　一方、各ステップにおいて、学習者に深く考えさせるのがコーチの役割です。コーチングの型は改善の型に対応する活動になります。コーチングについて戸惑う人のために、「質問カード」と呼ばれるツールがあります。コーチはこの

質問カードに示されている質問を学習者に投げかけ、学習者とともに障害を乗り越えていくことで、コーチとして成長していきます。

━━ 「質問カード」はコーチの標準作業（出典：『ザ・トヨタウェイ　サービス業のリーン改革（下）』／ジェフリー・K・ライカー、カーリン・ロス［著］／稲垣公夫、成沢俊子［訳］／日経BP／2019年／214ページ）

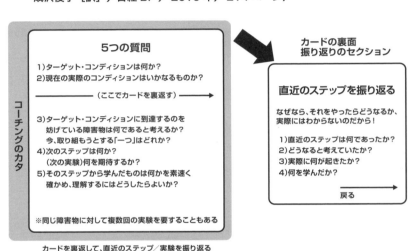

カードを裏返して、直近のステップ／実験を振り返る

　トヨタでは、全社員に必ずコーチがいます。上層の幹部ですらコーチがいるそうです。社員は日常の改善活動を通して改善の型を、指導者はコーチングの型をそれぞれ身につけていきます。社員を信頼し、自主的に考えて行動させることで、現場はモチベーションを保ちながら新たな解決策を生み出していきます。それが、結果だけではなく改善プロセスも重視するトヨタの型なのです。

3.10
リーンの実践〜カンバンの活用

　カンバンは、価値の流れ（バリューストリーム）を視覚化し、コントロールするためのツールとして、ソフトウェア開発の工程管理にも使用されるようになりました。カンバンは、さまざまな工程に応用でき、運用業務のコントロー

ルにも利用されています。

ソフトウェア開発工程におけるカンバンの利用

　組織で行われる作業には、多くのムダがあります。ムダとは価値を生まないすべてのことですが、その工程がどんな価値を創造するのかを理解していなければ、ムダを見つけることはできません。プロセスが価値を生み出している過程を視覚化し、その流れをコントロールするためのツールがカンバンです。カンバンには、対応中の作業の数（仕掛り作業数：Work In Progress：WIP）を制限することで、スピードをコントロールする機能もあります。カンバンを用いることで、チームは価値の流れを掌握し、コントロールできるようになります。

　カンバンを用いて工程をコントロールするために、次のことを行います。

- 作業の流れの見える化
- 仕掛り作業数の制限と流れに関するルールの作成
- 仕掛り作業への積極的な関与
- 作業効率の数値化

■①作業の流れの見える化

　すべての作業の状態が分かるようなカンバンを作り、現在の価値の流れを共有します。たとえば、「作業待ち」「工程A」「工程B」「工程C」「完了」という5つの状態で仕切られたカンバンを作り、すべての作業を該当する区間に張り出します。これによって現在の作業状態を全員が把握でき、タイムリーに適切なコミュニケーションを図ることができます。

　カンバンには物理的方法と電子的方法があり、それぞれに一長一短があります。物理的なボードは制約が少なく、修正が簡単で、試行錯誤を容易に繰り返すことができます。電子的ボードは、離れた場所にメンバーがいるケースではとくに有効です。

カンバンによる価値の流れのコントロール

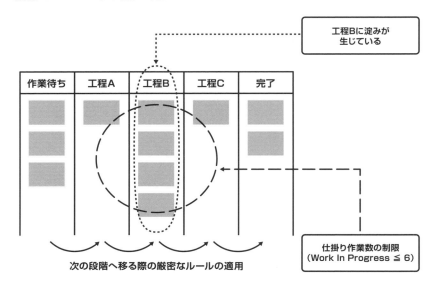

工程Bに淀みが
生じている

作業待ち	工程A	工程B	工程C	完了

次の段階へ移る際の厳密なルールの適用

仕掛り作業数の制限
(Work In Progress ≦ 6)

■■ ②仕掛り作業数の制限と流れに関するルールの作成

　一度に多くの仕事に取り組むと、スイッチングコストが発生し作業効率が落ちてしまいます。チームが多くの仕事を抱え込まないように仕掛り作業数を制限します。この制限によって、自らが流れをコントロールできるプル型のプロセスになり、作業の詰め込みによる混乱を防ぐことができます。また、新たな作業に取り組めない理由を、上司や他の利害関係者に説明することも容易になります。

■■ ③仕掛り作業への積極的な関与

　カンバンは、作業の進捗状況やチームが抱えている課題の全体像をリアルタイムに示してくれます。すべての作業が一目瞭然なので、チームの誰もが状況を正確に把握して、意見やアドバイスをすることができます。仕掛り作業数に制限があることで、余裕のあるスタッフは次の作業に取り掛かるのではなく、遅れているスタッフを助けるために労力を使うことになります。全員が協力して割り当てられた仕事に取り組むので、チームワークが育まれます。

■■ ④作業効率の数値化

カンバンは、進捗状況の見える化だけではなく作業効率の見える化にも貢献します。作業量と処理速度は、カンバンに貼り付けられた付箋紙の数と作業を開始してから終了までの時間を集計すれば分かります。作業効率が明らかになることで、客観的な事実に基づいた意思決定を行うことができます。

運用業務へのカンバンの応用

運用チームの課題は、より多くの仕事を受けてしまうことです。運用チームはシステムを正常に稼働させるという通常の運用業務に加えて、ユーザーからの問い合わせや作業依頼（サービス要求）への対応、障害（インシデント）への対処、不具合（問題）の調査、変更の実施などの業務を抱えています。それらの業務はそれぞれ別の基準でコントロールされ、運用チームに持ち込まれます。依頼者の立場からすると、すべての作業が緊急です。

カンバンは、秩序を保ちながら雑多なタスクをコントロールするという難題に対するソリューションを提供します。カンバンを利用することで、計画的な保守・運用の作業から、サービス要求やインシデントへ対応するための計画外の作業まで、あらゆるカテゴリーの作業をまとめて管理できます。

■■ タイプごとの作業管理とカンバンによる作業管理

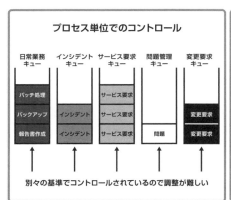

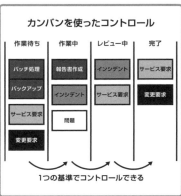

　チームの仕事をカテゴリーで分類し、色の付いた付箋紙を割り当てます。チームが抱えている作業のすべてを、該当するカテゴリーの色の付箋紙に記入し、ボードに貼り付けます。あらかじめ定義した条件を満たされなければ、仕掛り作業を意味する付箋紙は次の段階には進めません。付箋紙の位置や色を見れば、すべての作業の進捗状況もチームのボトルネックも把握することができます。

　まとめると、カンバンには次のようなメリットがあります。

- チームの中でお互いの作業状況を把握することが容易になる
- どの作業を優先するべきかを視覚的に判断できるようになる
- 仕掛り作業数を制限することで、無理な約束をしたり、仕掛り作業が放置されることがなくなる
- 根詰まりを発見したら余裕のある人が助けることで、ボトルネックを解消できる
- 人員不足などの課題を上位にエスカレートする際の説明が容易になる

第3章のまとめ

　リーンは、1980年代まで自動車産業で行われていた大量生産方式と比較して、ムダのない生産方式ということを意味する言葉として用いられました。その中でもトヨタの生産方式には多くのノウハウが詰め込まれており、それらが研究され本にまとめられて出版されました。そして、その考え方や管理技法がリーンと呼ばれるようになりました。

　リーンには、必要なものを必要な時に必要なだけ調達し生産するジャストインタイムと、品質を作り込むために人が自動化に関与する自働化という哲学があります。それは、在庫を持つことで余裕のある生産を行い、ラインを止めずに大量に製品を生産するという大量生産方式とはまったく逆の発想でした。しかし、リーン生産方式のほうが生産性が高く、高品質の製品が作られることが、研究の結果明らかになったのです。その研究成果は多くの自動車会社に影響を与え、リーン生産方式はまたたく間に世界中に広まりました。

世界に広がったリーン生産方式

　リーンにおけるムダの排除とは、コストを抑制しながら価値の流れを太く速くすることです。それは、あらゆる産業に応用できるものです。つまり、製品だけではなくサービスにも適用することができます。近年、ソフトウェア開発の領域で広まりつつあるアジャイル開発やDevOpsもリーン思考の実践と捉えることができます。このことについては、第5章で詳しく解説します。

第4章
価値共創の時代

商品の機能や品質での差別化が難しくなると、価格競争が始まります。それを避けるために、企業は商品を通じて顧客の感情に訴える必要が出てきました。また、顧客の声がネットワークで共有されるようになり、企業が消費者から公の場で評価されるようになりました。情報によって消費者の行動が左右される傾向が強まる中で、企業は顧客との関係を見直す必要があります。

プラットフォーマーと呼ばれる一部の先進企業は、IT サービスを通して顧客情報を収集し、インターネットの画面に興味のある広告を表示するなど、知らず知らずのうちに顧客の消費を刺激しています。本章では、「価値共創」の意味を解き明かし、先進の IT 企業がなぜ成長し続けているかについて解説します。

第 4 章の位置づけ

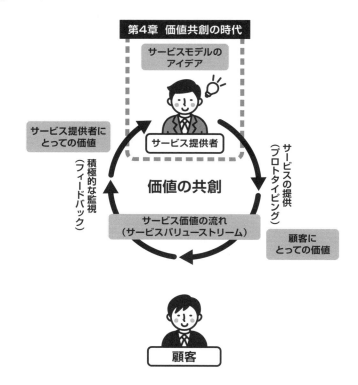

4.1
加速するビジネス

　グローバルな競争の時代に組織が生き残るため、経営にはスピードが求められています。GAFA や BAT（107 ページ参照）に代表される米国や中国の先進企業は、クラウドサービスなどのテクノロジーを有効に活用することで成長のスピードを加速させています。

市場の変化へのすばやい対応

　インターネットの世界的な普及により、商品の売買において国境を意識することが少なくなりました。ビジネスがグローバル化する中で競争はますます激化しています。激しい競争に勝つために、組織にはスピードが求められています。経営に関する意思決定と業務への落とし込みのサイクルを速めることで、会社の進化を加速させなければなりません。

　最近の雑誌やビジネス書から、スピード経営に関する記事を見つけ出すことは難しくありません。たとえば『日経ビジネス』2018 年 10 月 15 日号に掲載されたヒロセ電機の紹介記事には、次のような説明があります。

　ヒロセ電機が自動車業界の顧客層を開拓できた大きな理由がある。これまでの通信業界やスマホ業界などで磨いてきた「すぐやる文化」（石井社長）だ。（略）顧客の要求が厳しければ厳しいほど、応えられる競合メーカーも少なくなる。短期間であろうと、どんなに少量であろうとも、対応してきたからこそ、ヒロセ電機はコネクター一筋で高収益を生み出せてきた。

　（「企業研究 Vol.166　ヒロセ電機「すぐやる」で開く新領域」／『日経ビジネス』2018 年 10 月 15 日号／日経 BP ／ 51-52 ページ）

　これは、顧客のニーズにきめ細かく迅速に対応することで成功した製造業の一例ですが、市場の変化にすばやく対応することが、あらゆる産業に求められています。

急成長する企業を支えたクラウドサービスと AWS

インターネットの世界では、あらゆる商品が国境を越えて押し寄せてきます。グローバル化した経済の中では、ボトムアップ型で合議制の日本企業よりも、トップダウン型の海外企業のほうが経営スピードが速いという点で有利です。昨今急成長を遂げているのが、GAFA や BAT をはじめとする米国や中国の企業である事実は、不思議なことではありません。しかも、そのほとんどの企業の成長には、IT サービスが深く関わっています。

クラウドコンピューティングの普及によって、創業したばかりの会社でもインターネットを利用することで大きく成長できるようになりました。そこに大きく関係しているのが AWS（Amazon Web Services）です。2006 年、アマゾンはクラウドのインフラストラクチャーサービス（IaaS）をかなりの低価格（1 時間 10 セント ≒ 1 ヵ月 72 ドル［約 7,500 円／月］）で開始しました。アマゾンが低価格戦略をとったのは、利益率が低ければ顧客が集まる一方で、新たに参入する企業は少なく市場を守りやすいと考えたからです。

インターネットでビジネスを展開しようとしていた、創業して間もない企業の多くがこのサービスに飛びつきました。まだ使用するかどうか分からない IT インフラストラクチャーを購入するために、貴重な創業資金を使う必要がなくなるからです。

AWS によって、インフラストラクチャーの調達や構築など、本業とは直接関係のないことにエネルギーを費やすことなく、すぐにインフラストラクチャーが使え、試験的サービスを試行錯誤することができます。さらに、サービスが急成長しても簡単に拡張できるので、最初に低価格で利用できる AWS は、創業したばかりの企業にとってはうってつけのサービスでした。

結果として、グーグル、フェイスブック、ツイッターなど、急成長した企業のほとんどがこのサービスを利用しました。顧客が成長した結果、そのインフラストラクチャーを提供していたアマゾンは、IaaS の市場において、他を大きく引き離してトップのシェアを獲得しました。マイクロソフトも IBM も、気がついた時にはすでに遅れをとっていました。アマゾンは新興企業の成長を下支えしただけではなく、自らもその波に乗って急成長しました。

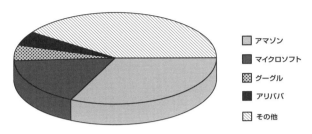

🔵 **2019 年の世界のクラウドインフラサービス市場のシェア（Canalys が公表した資料を元に作成）**
https://canalys.com/

凡例:
- アマゾン
- マイクロソフト
- グーグル
- アリババ
- その他

GAFA と BAT

GAFA とは、グーグル（Google）、アマゾン（Amazon）、フェイスブック（Facebook）、アップル（Apple）の 4 社を指します。IT 業界を牽引する大手企業グループであり、この十数年間に急激な成長を遂げています。

最近では、この 4 社に IBM とマイクロソフト（Microsoft）を加えた、ジー・マフィア（G-MAFIA）という表現もあります。また、バイドゥ（百度、Baidu）、アリババ（阿里巴巴集団、Alibaba）、テンセント（騰訊、Tencent）という中国の大手 IT 企業 3 社をバット（BAT）と呼び、この 9 社をまとめてビッグナイン（BIG NINE）と呼ぶ人もいます。

クラウドコンピューティング

クラウドコンピューティングはコンピューターの利用形態の 1 つで、ユーザーはインターネットなどのネットワークに接続されたコンピューターが提供するサービスを、手元にあるパソコンやスマートフォンを介して利用します。通常、次の 3 つのタイプに大きく分類されます。

- SaaS（Software as a Service：サービスとしてのソフトウェア）
- PaaS（Platform as a Service：サービスとしてのプラットフォーム）
- IaaS（Infrastructure as a Service：サービスとしてのインフラストラクチャー）

■ SaaS

ソフトウェアサービス。提供されるアプリケーションの機能をインターネット経由で利用するサービスです。Office 365、Gmail（メール）、Salesforce（営業支援アプリケーション）などが代表的なサービスです。

■ PaaS

プラットフォームサービス。提供されるアプリケーションの実行環境や開発環境をインターネット経由で利用するサービスです。ユーザーはミドルウェアの複雑な環境設定から解放されます。Microsoft Azure（アジュール）やGoogle App Engine などが代表的なサービスです。

■ IaaS

インフラストラクチャーサービス。提供されるハードウェア環境に対して、ユーザーが OS を指定して搭載し、インターネット経由で利用するサービスです。ユーザーは自由にプラットフォーム環境を構築して利用できます。Amazon Elastic Compute Cloud（EC2）や Google Compute Engine などが代表的なサービスです。

● クラウドサービスにおけるサービス提供者（プロバイダー）とユーザー間の責任分担

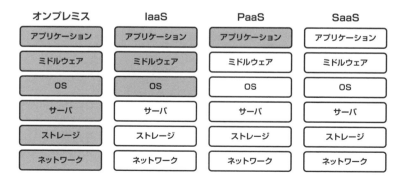

4.2
市場のコモディティ化

　技術の伝播スピードが速い今日の市場では、商品がすぐに**コモディティ化**（一般化）してしまうため、商品の機能的価値ではなく情緒的価値で差別化を図ることが求められています。そこで、顧客やユーザーがサービスに接した時に感じる心理的影響にフォーカスを当てたマーケティング手法が注目されています。

機能的価値から情緒的価値へ

　経営のスピードが速まることで、市場のスピードも速まります。以前は、商品がコモディティ化するまでにある程度時間がかかりました。たとえば、テレビが白黒からカラーへ、低解像度からハイビジョンへ、ブラウン管から液晶へと移り変わるたびに、その時代の先行企業は新商品を開発して差別化を図り、利益を上げることができました。しかし、テレビの機能がある程度充実してしまうと、顧客はそれ以上の機能に魅力を感じにくくなります。

　どんな商品も、機能の飽和点である「顧客ニーズの天井」に達してしまうと、企業は途端に価格競争に巻き込まれ、体力勝負をせざるを得なくなります。技術の伝播スピードが速い今日の市場では商品がすぐにコモディティ化してしまい、企業は技術開発への投資を回収できないというジレンマに陥っています。

■ 顧客ニーズの天井（『意味的価値の創造：コモディティ化を回避するものづくり』（延岡健太郎／ 2006 年）p.5 図 3 を元に作成）
（出典：『国民経済雑誌』194(6), p1-14））

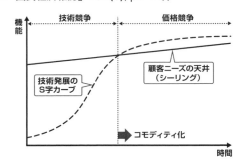

　機能だけではなく品質の面でも差別化が難しくなった企業は、別のアプロー
チを探しています。それは客観的な価値による差別化ではなく、消費者の心理
的側面に焦点を当てて競争優位性を獲得しようとするアプローチです。つまり、
商品の機能的価値ではなく**情緒的価値**を高め、ユーザーの感情に訴えることで
商品の差別化を図るのです。

　商品を利用した経験から得られる感動や満足感などの情緒的価値は、コモ
ディティ化が進んだ市場で競争優位性を獲得するために無視することはできな
い重要な要素です。そのため、近年では**顧客体験**（カスタマーエクスペリエン
ス：CX、以下、「顧客体験」と記述）や**ユーザー体験**（ユーザーエクスペリエ
ンス：UX、以下、「ユーザー体験」と記述）と呼ばれる、顧客やユーザーがサー
ビスやサービス提供者に接した時に生じる、心理的・感覚的インパクトにフォー
カスを当てたマーケティング手法が注目されています。

　『関係性マーケティングの構図』（有斐閣／ 1998 年）の著者である和田充夫
博士は、商品の価値を４つに分類して説明しました。

商品の価値（『関係性マーケティングの構図』を参考にして筆者が作成）

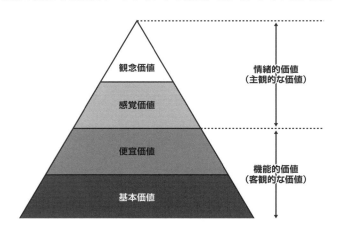

　基本価値は、商品がそのカテゴリーの存在であるためには欠くことができな
い属性であり、自動車であれば人を乗せて道路を移動できるといった条件を満
たす機能や形状です。便宜価値は消費者が便利と感じ、抵抗なく購入して利用
できる価値であり、自動車であれば妥当な価格で入手できて通勤やレジャーな

どに使えると感じさせる要素です。

　感覚価値は、その商品の購入時や利用時に人間の五感に訴えかけてくる価値であり、自動車であれば高級感を醸し出すデザインや運転時に爽快感を与えれくれる機能などです。観念価値は、その消費者自身の価値観や経験に基づいた価値であり、特定のメーカーに対する信頼感や特定のブランドによってもたらされる満足感などです。

　後半の感覚価値と観念価値は主観によってもたらされる情緒的価値であり、コモディティ化が進んだ市場で差別化を図るために注力しなければならない領域になりました。

4.3
コモディティ化市場におけるサービス戦略

　コモディディ化が進んだ市場では、情緒的価値を創造することで競争優位性を獲得する必要があります。価値創造のプロセスに他の組織や消費者を参加させることで、1企業だけでは実現することが難しい、魅力的なサービスを提供できます。

マーケティング手法の変遷

　経営学の大家であるフィリップ・コトラー博士は、これまでのマーケティングの流れを、マーケティング1.0から4.0という表現で整理し、説明しています。

　1.0は作れば売れる時代で、「どうやって売るか」が課題でした。2.0の時代は、市場に効果的にアプローチするためにSTP（セグメンテーション[Segmentation]、ターゲティング[Targeting]、ポジショニング[Positioning]）が主要なテーマになりました。そして、コモディディ化の時代は顧客の感情に訴える必要がある市場となり、それをマーケティング3.0と呼びました。

　3.0は、ソーシャルメディアで情報が行き交い、サービスを提供する企業よりも消費者が力を持つ時代です。今や企業が単独で価値を創造するよりも、消費者を巻き込んだほうがより魅力的なサービスを提供できます。たとえば、ウィキペディアのように、一般の消費者が参加して豊富で最新の情報を提供するサービスや、無印良品（良品計画）のようにアイデアの段階から消費者を参加

させて商品をデザインするようなビジネスです。このように、消費者とともに価値を共創するアプローチを**協働マーケティング**と呼んでいます。

　学研版小学生白書（2019 年 8 月調査）によると、小学生男子に最も人気のある職業はユーチューバーだったそうです。YouTube もまた、価値を生み出すために利害関係者が協働するサービスです。ユーチューバーは、YouTube にコンテンツを提供することで数多くの視聴者を集め、広告主に宣伝の場を提供しています。広告主もまた、テレビより安価にターゲットを絞った広告をすることができます。つまり、ユーチューバー、YouTube のオーナーであるグーグル、広告主、視聴者のすべてが、何らかの価値を生み、それぞれにとっての価値を受け取っているのです。

● **マーケティング手法の歴史的変遷**

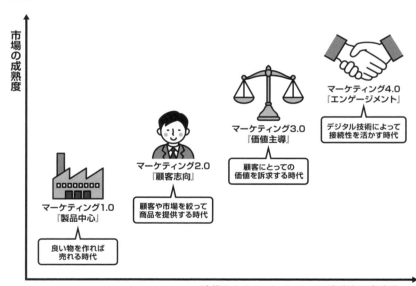

マーケティング1.0
『製品中心』
良い物を作れば売れる時代

マーケティング2.0
『顧客志向』
顧客や市場を絞って商品を提供する時代

マーケティング3.0
『価値主導』
顧客にとっての価値を訴求する時代

マーケティング4.0
『エンゲージメント』
デジタル技術によって接続性を活かす時代

市場の成熟度

時代とともにマーケティング手法が高度化

　コトラー博士は著書『コトラーのマーケティング 3.0　ソーシャル・メディア時代の新法則』（朝日新聞出版／ 2010 年）の中で、スターバックスの「職場と家庭の間にある第三の場所」のように、企業のビジョンを消費者に訴えることで共感を獲得するスピリチュアルマーケティングや、グローバル化する世

界の中で、あえてアニメや日本酒など、文化的差異を強調する文化マーケティングなど、企業が創作したストーリーに消費者を参加させることで共感を獲得するような新たなトレンドについても言及しています。たしかに、消費者の感情に訴えることは情報の伝播力を高めることでもあり、SNS全盛の現代社会にマッチしたアプローチなのかもしれません。

エンゲージメントマーケティングの重要性

コトラー博士は次の著書『コトラーのマーケティング4.0　スマートフォン時代の究極法則』（朝日新聞出版／2017年）の中で、顧客との関係を継続させることと、そのツールとしてIT技術を活用すべきであること、いわゆる**エンゲージメントマーケティング**の重要性を強調しています。下図は、顧客との最初の接点はテレビや雑誌などの広告媒体が主流であることを示し、顧客を自社の商品を推奨する状態に遷移させる方法として、電子的な手段の有効性が徐々に高まっていくことを表しています。

━━『**コトラーのマーケティング4.0　スマートフォン時代の究極法則**』で提唱された アプローチ（同書を参考に筆者が作成）

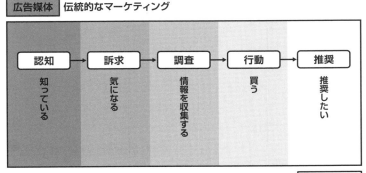

コトラー博士は、企業は電子的手段と物理的手段の双方から市場にアプローチすることが求められるようになる、と主張しました。実際に今、多くの企業が、物理的店舗とインターネット上の店舗の両方でビジネスを展開しています。

物理的なアプローチによって安心感を与え、電子的接触によって消費者から情報を収集し、かつ、販売促進活動を行うのが、デジタル革命時代のスタンダードなのかもしれません。

その予言に従うように、アマゾンとウォルマートは、ネットワークと物理的アプローチの両方で熾烈な顧客獲得競争を繰り広げています。

4.4
エンゲージメントマーケティング

過去には手間がかかると思われていたサービスの特性が、コモディティ化市場では、他と差別化するために注目すべき特性とみなされるようになりました。エンゲージメントマーケティングは、顧客との関係性を強化することで、お互いがより多くの価値を獲得することを目指します。

サービスの特性が他との差別化につながる

サービスが持っている無形性（「2.3　サービスの特性①〜無形性」）、異質性（「2.4　サービスの特性②〜異質性」）、同時性（「2.5　サービスの特性③〜同時性」）、消滅性（「2.6　サービスの特性④〜消滅性」）は、かつては品質管理におけるマイナスの側面として捉えられていました。しかし、コモディティ化市場では、顧客との接点があることが有利に働きます。なぜなら、製品はどのルートから入手しても同じ品質ですが、サービスは生産者と消費者の関係性で品質をコントロールできるからです。レストランの例で言えば、料理の好みを伝えてもらうだけでも関係性を強めることができます。レストランが顧客の好みに合わせた味付けをして料理を出せば、その顧客のそのサービスに対するロイヤルティ（愛着）が高まり、再度、来店する可能性が高まります。

● IHIP 特性への対処法の広がり（『サービス・ドミナント・ロジックの進展』（田口
尚史著／同文舘出版／ 2017）を参考に筆者が作成）

IHIP	劣位性を克服する方法	環境の変化	マーケティング手法の変化
無形性	品質を見える化して、判断の根拠を示す	情緒的な価値の重視	ブランドイメージや顧客体験を重視する
異質性	マニュアルを作成し訓練する	顧客ニーズの多様化	個々のニーズに合わせてカスタマイズする
同時性	権限を委譲して、柔軟に対応できるようにする	顧客が積極的に参加	関係性を深めることで、顧客基盤を強化する
消滅性	販売促進活動などによって、需要の平準化を図る	顧客ニーズの急激な変化	ビッグデータの解析により、いち早く顧客ニーズを把握して調整する

　顧客との関係性を強める最もシンプルな方法は、価値創造のプロセスに顧客を参加させることです。無印良品は、消費者と協働して商品を開発する戦略によって成長を続けています。顧客からのフィードバックを反映させることで、その商品に競争力を与えるのです。このように、顧客との関係を積極的に築いていくのが**エンゲージメントマーケティング**です。SNS やメールマガジンなど、顧客との関係を維持しようとする営業活動が、私たちの身の回りにも目立つようになりました。

● フェイスブックやグーグルのサービスにおける価値交換の仕組み

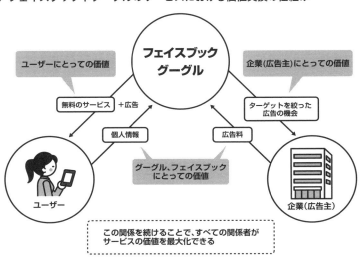

プラットフォーマーとユーザーが互いに価値を獲得し続ける

　サービス提供者はインターネットの機能を駆使して、サービス消費者の好みを本人の知らないところで収集しています。インターネットを使って閲覧したり、クリックしたりするその人の行為が個人情報として蓄積されていくのです。たとえば、検索履歴を眺めてみれば、その人の好みや関心事が分かります。もし、病気の症状の検索履歴があれば、いつ、どのような病気にかかったかも推測できます。それらのデータを分析すれば、商品を販売する際の顧客を絞り込むことができますし、新たな市場を発見できるかもしれません。

　スタンフォード大学助教授のミハル・コシンスキ氏の研究によると、フェイスブックの「いいね」には個人の心理的特性が含まれており、「いいね」を10個分析すれば同僚以上に、そして、70個で友だち以上に、150個で家族以上に、300個で配偶者以上にその人を知ることができるそうです。

　フェイスブックやアマゾンのサービスを利用していると、そのページに現れる広告などの情報が自分の好みに合ったものになっていきます。つまり、サービス提供者はユーザーの個人情報を使って広告事業を営んでいるのです。しかも、テレビよりもさらにピンポイントで広告を打つことができます。

　ユーザーがプラットフォーマー（「4.8　プラットフォーム戦略」を参照）に提供している価値はそれだけではありません。フェイスブックの場合、ユーザーが自身の近況を掲載すればフェイスブックというサービスのコンテンツが充実しますし、友達を作れば新たな情報伝達ルートを獲得することになります。このようにして、プラットフォーマーとそのユーザーは互いに利用し合い、そのサービスが生み出す価値を獲得し続けるのです。

4.5
デザイン思考

　デザイン思考は、ユーザーの立場に立って商品をデザインするというアプローチで、コモディティ化が進んだ市場での訴求点となる、顧客体験やユーザー体験を向上させる手段の1つです。日本でも、サービスデザインにおいて、カスタマージャーニーマップやペルソナなどの技法が取り入れられています。

アップルが追い続ける人間中心のデザイン

1984 年、アップルの創業者の 1 人であるスティーブ・ジョブズ氏は、現在では当たり前でも当時としては画期的な技術である、アイコンや豊富なフォントなどを取り入れた、誰にでも簡単に使えるコンピューターとして Macintosh を開発しました。設計において決して妥協を許さないジョブズ氏が開発したスタイリッシュなコンピューターは、前評判は良かったものの想定していたほどには売れず、彼は役職を解任されアップルを去ることになりました。

1990 年代、人間工学に基づいた使いやすいアップルの商品は常に一定のファンから支持されていましたが、機能的価値が優先されていた当時の PC 市場においては劣勢でした。その後、アップルは経営不振に陥りましたが、幹部として復帰したジョブズ氏が最初に手掛けた iMac の爆発的なヒットによって息を吹き返しました。

1998 年に発売された iMac は、それまでの PC のイメージを刷新するカラフルなデザインで市場を驚かせましたが、その後も iPod、iPad、iPhone など、ユーザーのふるまいを徹底的に調査し、使いやすさを追求した商品によって次々と成功を収めました。ジョブズ氏は、初代 Macintosh から脈々と受け継がれてきた人間中心のデザインを追い続けていたのです。

注目されるデザイン思考のアプローチ

デザイン思考が注目されるようになったのは、米国のデザインコンサルティング会社 IDEO の CEO であるティム・ブラウン氏が『Change by Design』（邦題『デザイン思考が世界を変える—イノベーションを導く新しい考え方』／早川書房）という本を 2009 年に出版してからです。IDEO の創業者の 1 人であるデビッド・ケリー氏は、初代 Macintosh のマウスのデザインに携わっていました。

ブラウン氏はこの著書の中で、人間を中心に置いて課題を解決し、商品を創造するデザイン思考というコンセプトを紹介しました。デザイン思考は、人の言動をじっくり観察して、その人が無意識に抱いている欲求を探り当て、誰もが共感するような商品を生み出す方法です。ブラウン氏の本には、革新的なアイデアを生み出すための考え方など、たくさんのヒントが示されていましたが、

誰もがすぐに真似できるほど具体的な手段にまで踏み込んだ内容ではありませんでした。

2011年、マーク・スティックドーン氏とヤコブ・シュナイダー氏は、『This is Service Design Thinking: Basics, Tools, Cases』（邦題『THIS IS SERVICE DESIGN THINKING. Basics - Tools - Cases －領域横断的アプローチによるビジネスモデルの設計』／ビー・エヌ・エヌ新社）の中で、サービスを開発する際にデザイン思考を取り入れるための具体的な技法や事例を紹介しました。この本では、ユーザーがサービスと接する**タッチポイント**を特定したり、顧客が味わう感情を把握したりするための**カスタマージャーニーマップ**や、想定される顧客の人物像を設定することで設計中のサービスに現実感を与える**ペルソナ**など、全部で25種類もの技法が解説されています。

▰▰▰ **レストランのカスタマージャーニーマップの例**

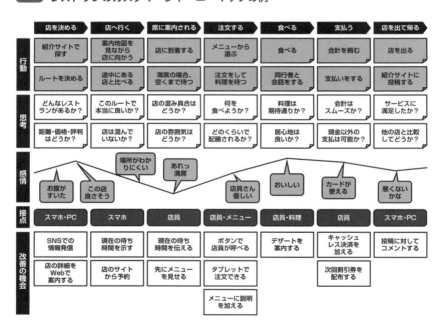

上図は、レストランのサービスにおけるカスタマージャーニーマップの例です。サービスを利用する際に顧客がとる一連の行動、思考、感情などを整理し、

サービス提供者と顧客の接点（タッチポイント）を理解することで、どのタイミングでどのようなアプローチをすれば良いのかを検討できます。

さらに、「中高年の女性の集団」「ビジネスマン」「若いカップル」など、代表的なユーザーの人物像を具体的に想定するペルソナという技法によって、それらの人々の言動を想像しやすくできます。

このようなデザイン思考のアプローチに日本政府も注目しており、2018年に行政サービスの業務改革を推進するための手引書として『サービスデザイン実践ガイドブック』を作成し公開しています（https://cio.go.jp/node/2421）。ただ、残念なことに、現場ではこのガイドラインがまったく生かされていません。新型コロナウイルス（以下、「新型コロナ」と記述）の感染者情報を管理するシステム「HER-SYS」の入力項目は約120項目におよび、保健所や医療機関の負担になっています。厚生労働省は、運用開始から3ヵ月以上も経過した2020年9月、優先的な入力項目を40項目程度に絞る方針を示しました。

4.6
サービスドミナントロジックの誕生

私たちは、企業が商品の価値を創造して顧客がその対価を支払うと考えていました。しかし、企業と顧客が獲得する価値を最大化するためには、顧客は商品やサービスを利用している時にも価値を獲得していると考えるべきである、という主張がなされるようになりました。

グッズドミナントロジックとサービスドミナントロジック

私たちは今まで、「商品自体が価値を持っていて、顧客は代金を支払うことでその価値を獲得する。消費者はその価値の破壊者であり、生産者が創造した価値は消費によって失われていく」と考えていました。このような、モノの価値だけに目を向けた世界観を**グッズドミナントロジック**（以下、「G-Dロジック」と記述）と呼んでいます。

━━ **G-D ロジック（『文脈視点による価値共創経営：事後創発的ダイナミックプロセスモデルの構築に向けて』（藤川佳則、阿久津聡、小野譲司／ 2012 年）p.39 図表 2 を元に作成）**
（出典：『組織科学』（2012 年）第 46 巻 第 2 号 p.38-52）

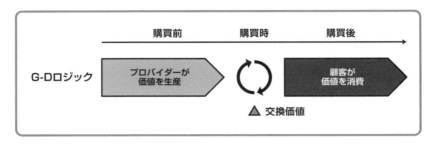

しかし、価値交換とともにモノの価値が失われていくという認識の下では、売り手は代金を回収すると顧客に対する興味を失います。いくら「お客様は神様です」と唱えていても、モノを購入した顧客に対して興味を持ち続けることはそう簡単ではありません。セオドア・レビット博士は著書『マーケティング発想法』において、次のような名言を残しました。

人は四分の一インチの穴を買うのであって、四分の一インチ・ドリルを買うのではない。

（『マーケティング発想法』／セオドア・レビット[著]／土岐坤[訳]／ダイヤモンド社／ 1971 年／ 4 ページ）

ドリルの売り手は、その販売価格である交換価値にしか興味はありません。しかし、ドリルの買い手はドリルによって作られる穴が必要なのです。購入した後、ドリルを使って作られた穴が、買い手にとって本当の意味での価値なのです。それを「ドリルの使用価値」と呼ぶのですが、買い手である顧客はこの使用価値を使用している期間中、継続的に獲得し続けることができます。

また、企業も顧客との関係性を維持すれば、フィードバックなどの形で何かを得ることができるかもしれません。つまり、企業と顧客が協力すれば、両者がより多くの価値を獲得できる可能性があるのです。このように、「企業と顧客が協働して価値を創造する」と捉える世界観を**サービスドミナントロジック**（以下、「S-D ロジック」と記述）と呼び、商品の機能や品質による差別化が困難な市場において重要な考え方とみなされるようになりました。

●●● **S-Dロジック（『文脈視点による価値共創経営：事後創発的ダイナミックプロセ
スモデルの構築に向けて』（藤川佳則、阿久津聡、小野譲司／2012年）p.39
図表2を元に作成）**
（出典：『組織科学』（2012年）第46巻第2号 p.38-52）

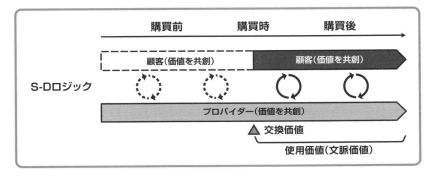

サービス提供者は時間をかけて利益を回収すれば良い

　S-Dロジックでは、商品価格に代表される交換価値だけではなく、購入後
の使用価値にも目を向けます。使用価値に注目すると、サービス提供者は顧客
との関係が失われるまでに獲得する価値を積算できるので、目先の利益にとら
われる必要がなくなります。顧客との関係を継続することで、サービス提供者
は商品を利用する背景の情報を得ることができます。

　たとえば、カーシェアリングサービスの利用目的として「仮眠」や「カラオ
ケ」が意外と多いという事実が明らかになりました。このように、誰がどのよ
うな目的で利用するのかという背景を**ユーザーストーリー**と呼びます。この
ユーザー目線の使用価値が文脈価値であり、商品開発においては貴重な情報に
なります。つまり、文脈価値まで把握できれば、サービス提供者はより対象を
絞った商品を開発することもできますし、新たな市場を開拓することもより容
易になるのです。

　「サブスクリプション方式」や「シェアビジネス」という言葉がメディアでも
盛んに取り上げられるようになりましたが、消費者の個人情報を継続的に獲得
できるこの種のビジネスは、サービス提供者に大きな価値をもたらします。た
とえば、車の販売ビジネスとシェアビジネスを比較した時に、顧客の情報をよ
り多く抱えることができるのはシェアビジネスです。車の貸し出し履歴を見れ

ば、乗車日時、人数、目的、距離、車種まですべてが記録されています。分析すれば、好みの車種や趣味まで分かるかもしれません。サービス提供者と消費者は関係を深めることで、お互いがより多くの価値を獲得することができます。

　文脈価値を最大限に活用しているのがアマゾンです。アマゾンは、通信販売事業からほとんど利益を上げていません。アマゾンが通販ビジネスですぐに利益を上げようとすれば、送料などを上乗せせざるを得ず、今までのビジネスと何ら変わることはありませんでした。アマゾンは短期的な利益を諦めることで、店頭販売のビジネスモデルに相当なダメージを与えました。その結果、通信販売のユーザーが増え、安定した利益が見込める地位を獲得しました。

　一度、通信販売の利便性に気付いたユーザーは、店頭まで足を運ばなくります。その上、ユーザーの過去の消費活動の情報を分析して、無意識のうちに消費行動を促すこともできるようになりました。他の追随を許さない競争優位性を有する今、プライム会員など、付加価値をつけたサービスでいつでも利益を確保できる立場を手に入れたのです。

4.7
サービスドミナントロジックによるメリット

　S-Dロジックは、企業と顧客の関係を、サービスの生産者と消費者という非対称な関係から、協力して価値を創造するというフラットな関係に変えました。見方を変えることで、ビジネスモデルをより自由に発想できるようになりました。

価値交換によって関係者が利益を得るという発想

　私たちは、人、モノ、金というリソースを使い、製品やサービスという形で価値を生み出しています。S-Dロジックでは、サービス提供者も消費者もリソースを統合して価値を創造する**アクター**と呼ばれ、同等に扱われます。このことは、両者を生産者と消費者という関係から解き放ちます。対等であるということは、サービス提供者が価値創造のためにすべてを調整する必要はないことを意味しています。

🔲 **生産者と消費者の関係に対するG-DロジックとS-Dロジックの世界観の違い**

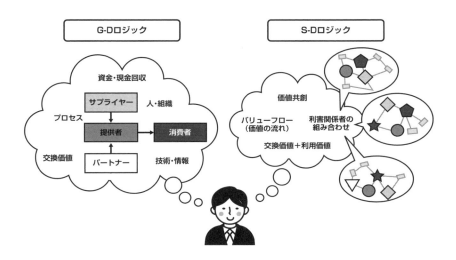

かつては、サービスの世界にも「価値を商品に埋め込んで消費者に渡す」という G-D ロジックが持ち込まれ、サービス提供者はすべてを用意して顧客に価値を提供しなければならないという固定観念がありました。S-D ロジックのメリットは、既存の価値創造の仕組みの中から都合の良い所だけを切り取って、従来の仕組みにとらわれることなく、新しい仕組みで新たな価値、新たな市場を生み出すことができる点にあります。価値交換によって関係者が利益を得るという発想に基づけば、ビジネスモデルはもっと自由になります。

ウーバーのビジネスモデル

数年前までは想像することさえなかったサービスの1つであるウーバーのビジネスモデルを考えてみましょう。ウーバーの配車サービスは、乗客と運転手を結びつけるマッチングサービスです。

● ウーバーにおける価値交換の仕組み

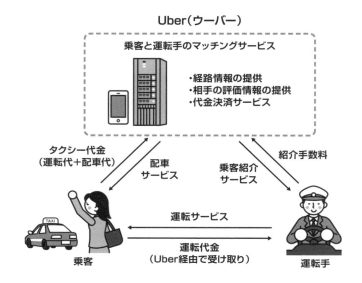

従来の発想であれば、輸送サービスの提供者は運転手を雇って訓練し、輸送機器を用意することでサービスを提供しなければなりません。しかし、ウーバーは乗客の獲得だけに注力し、運転手と輸送機器は外部から調達するという新たなビジネスモデルを作りました。運転手や輸送機器を用意することから解放されたことで、ウーバーは資金面や組織面での制約から解放され、事業を急速に拡大することに成功したのです。

日本では規制により、人の移動を担う運転手を紹介するサービスは行われていません。ただ、これまでに蓄積してきたノウハウを応用して、モノの移動を仲介するウーバーイーツのサービスを日本でも展開しています。

そして、この話にはさらなる続きがあるのかもしれません。ウーバーは宅配サービスを営むことで、どの地域にどのような食事を好む住人が多いとか、レストランの空白地域がどこにあるのかなどの情報を収集できるでしょう。それらのデータは、コンビニエンスストアやレストランを出店しようとしている事業者にとっては、喉から手が出るほど貴重な情報です。その情報を用いることで、ウーバーがそれらの市場を脅かす新たな存在にならないと誰が断言できるでしょうか。

4.8
プラットフォーム戦略

　市場において、売り手と買い手を結びつける環境（プラットフォーム）を提供する企業を**プラットフォーマー**と呼びます。プラットフォーマーは、サービスエコシステムの中核企業となり、周囲のプレーヤーを巻き込んで効率的に企業を成長させています。

プラットフォーマーとサービスエコシステム

　アフリカの大自然における食物連鎖は、動植物たちが必死に生き延びようとする日々の営みによって均衡が保たれています。お互いに依存し合いながら生命を維持している、このような仕組みをエコシステムと呼びます。

　モノや情報の提供者と消費者が価値を循環させているインターネット上のサービスは、その参加者が自身の目的を達成しようとすることで成立しています。このようなサービスを中心とした価値の連鎖を、自然界の食物連鎖に似ていることから**サービスエコシステム**と呼びます。

　サービスエコシステムの中核となるサービスを提供しているのがプラットフォーマーです。プラットフォーマーは実は和製英語で、市場において売り手と買い手を結びつける環境（プラットフォーム）を提供する企業という意味で使われています。次の文章は、『プラットフォーマー 勝者の法則 コミュニティとネットワークの力を爆発させる方法』（原題『Platform Strategy』／ 2017 年）の冒頭に記されたものです。

　　ウーバーは世界最大のタクシー会社だが、クルマを 1 台も所有していない。フェイスブックは世界一の人気メディアだが、コンテンツをまったく生み出さない。アリババ(阿里巴巴)は世界一の流通企業だが、在庫をまったく持たない。エアビーアンドビーは世界最大の宿泊提供者だが、不動産を所有していない。（略）―― トム・グッドウィン（ゼニスメディア副社長）

（『プラットフォーマー 勝者の法則 コミュニティとネットワークの力を爆発させる方法』／ロール・クレア・レイエ、ブノワ・レイエ [著] ／根来龍之 [監訳] ／門脇弘典 [訳] ／日本経済新聞出版／ 2019 年／ 19 ページ)

　プラットフォーム戦略で成功したこれらの企業は、周囲のプレーヤーを巻き込んで、効率的に企業を成長させています。

エコシステムが生み出す高いロイヤルティ

　アップルは、業績が振るわない時期でさえ、ユーザーの使い勝手にこだわりを持って商品を提供し続けてきました。その結果、アップルのユーザーはその世界観をこよなく愛し、ロイヤルティ（愛着）を感じるようになりました。やがて、アップルの周囲には、macOS や iOS を中心とした独自の経済圏、つまりエコシステムが形成され、その競争優位性を高めています。

● アップルを中心としたエコシステム

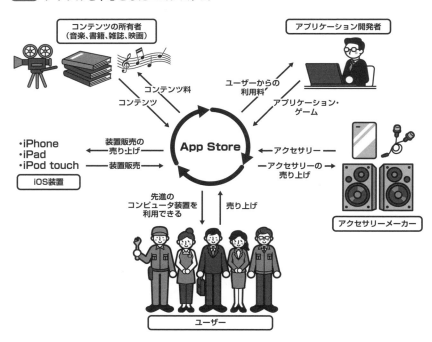

　iPhone が初めて発売された頃の関係者の動きから、エコシステムがどのように機能するかを振り返ってみましょう。

　当時流行っていたのは、ブラックベリーという超小型のキー入力ボタンが
ついた携帯端末でした。アップルは、ブラックベリーや AT&T などの通信会
社の独自端末向けに屋外で利用するアプリケーションを開発していた人々に対
し、当時としては開発者に有利なアプリケーションからの収入配分と、使いや
すい開発環境を用意しました。開発者は、利益と競争優位性を獲得しようと
して、iPhone 向けのアプリケーションを人よりも先に開発しようとしました。
その結果、App Store を中心としたエコシステムは拡大し、ノキアやブラック
ベリーなどの競合他社を瀕死の状態に追い込んだのです。

　高いロイヤルティを感じる顧客と、利益や競争優位性を獲得しようとする企業
や個人の自己中心的なふるまいが、各々が創造する価値を増幅させ、価値連鎖を
強固なものにします。その経済圏に参加する利害関係者は、それぞれの得意な領
域で価値連鎖の一部となり、それぞれにとっての価値を獲得し続けるのです。

4.9
巨大プラットフォーマーによる市場支配

　プラットフォーム戦略によって急成長を遂げた企業は、継続的に収集してき
た膨大な顧客情報を抱えています。今もなお成長し続けている巨大なプラット
フォーマーは、どの市場にも参入できる潜在能力を持ち、あらゆる産業にとっ
て脅威となっています。

進化のスピードを速めることの重要性

　情報が豊富に流通する昨今では、他の会社がやっている事業を真似すること
が容易になりました。インターネットを用いれば、世界の市場に簡単にアクセ
スできます。新たな IT サービスの事業を始めることも、クラウドサービスを
用いればそれほど難しくなくなりました。

　誰もがすぐに市場に参入できるということは、事業を始めたら他よりも速い
スピードで進化し、追いつけないほど巨大にならなければ安心できないことを
意味しています。巨大になれば、規模の経済でそれまで以上に優位な立場を獲
得し、情報も自然に集まって来るようになり、新たな成長の機会が生まれます。

このようにして、プラットフォーマーはさらに巨大化していくのです。

ITサービスを提供する企業にとって、アジャイル開発やDevOpsによって進化のスピードを速めることがこれまで以上に重要になりました。さまざまな革新的技術によってサービス回復時間が短くなり、今や変更によってサービスが停止することよりも、変更せずに事業の成長が遅れることのほうがリスクとみなされています。

すばやく進化することで巨大になったプラットフォーマーは、ネット検索や通信販売などによって得られた膨大なデータを分析して、顧客の嗜好や行動パターンを把握し、懐深く忍び込むことができます。顧客データの分析結果に基づいて、自社中心に価値を循環させる経済圏を構築し、既存のビジネスを破壊します。

アマゾンとトイザらスの争い

膨大な顧客情報を蓄積しているプラットフォーマーの脅威を見せつけたのが、アマゾンとトイザらスの争いです。

アマゾンがおもちゃの販売を開始した2000年当時、アマゾンにとってトイザらスが唯一の玩具業者でした。しばらくして、アマゾンが他の玩具業者をサイトに招き入れ始めた時、トイザらスは有効な対抗策を打てませんでした。アマゾンはすでに顧客リストを抱えており、通販サイトは常に進化していて、トイザらスのそれとは比較にならないほど優れていました。2017年に米トイザらス社は破産申請をしましたが、両者が手を組んだ時点で勝負はすでについていたのかもしれません。

iTunesによってCD産業は衰退し、ウーバーなどの配車サービスが米国のタクシー業界の様相を一変させました。アマゾンはあらゆる小売業の脅威となり、多くの書店や玩具店がすでに廃業に追い込まれています。ITインフラストラクチャーのビジネスも、アマゾンによって主導権を奪われました。ネットフリックスは映画産業、エアビーアンドビーはホテル業界の脅威となっています。

玩具業界で起こったアマゾンとトイザらスの競争と同じことが、自動車業界で起こらないと誰が断言できるでしょうか。その戦いはすでに始まっています。

2019年11月、「ヤフーを傘下に持つZホールディングス（HD）とLINEが経営統合について基本合意した」という発表がありました。経営統合の理由

は、GAFA や BAT といった米中のプラットフォーマーに対抗するためだそうです。

■■■ 巨大IT企業とZホールディングス（ヤフー株式会社）＋LINEの経営規模の比較（ア
ルファベットはグーグルの持ち株会社名）

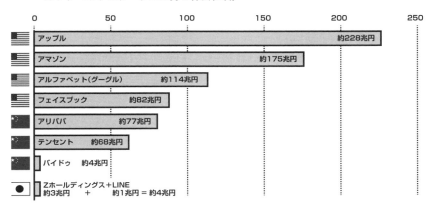

上のグラフは、米中の巨大プラットフォーマーの2020年8月時点の株式時価総額です。今回の経営統合によって日本最大のプラットフォーマーが誕生したといっても、事業規模では大きく水をあけられていることを当事者たちも認めています。

4.10
プラットフォーマーと個人情報

巨大プラットフォーマーはさまざまな形でユーザーとの接点を持ち、知らず知らずのうちに個人情報を収集しています。私たちには、企業を信じて快適な生活に身を委ねるか、常に最新のセキュリティ技術に精通し続けるか、まったくサービスを利用しないかの選択肢しか残されていないのかもしれません。

われわれの行動はどのように追跡されるのか

　1968年に封切られた『2001年宇宙の旅』は、宇宙ステーションに搭載された HAL というコンピューターに船長以外が殺されてしまうというストーリーの映画ですが、AI 技術を用いて開発された「AlphaGo（アルファ碁）」がプロの囲碁棋士を破るようになった今日、コンピューターが人間を支配するというシナリオが現実味を帯びてきました。

　2019年10月29日に NHK が放送した『クローズアップ現代』によると、「ネットでつぶやく何気ない一言や個人情報が知らないうちに集められ、AI によってその人の能力や人格までが点数化されて」いるそうです。人の本性が出やすい「裏アカ」と呼ばれる匿名のアカウントからの投稿についても、フォロワーなどを分析することでその人物を特定し、インターネットの情報だけで人物像の90％くらいが明らかになるらしいのです。

　われわれの行動はどのようにして、どのくらい追跡されているのでしょうか。デジタルマーケティングの市場で最も成功しているグーグルを例に考えてみましょう。

　鍵となるのは、Gmail と検索エンジンです。もし、あなたが Gmail を使うのであれば、グーグルのメールサービスにアカウントを作成します。この時、あなたは少なくとも、氏名、アカウント名、パスワード、生年月日を入力しなければなりません。「裏アカ」のように事実と異なる情報を入力することもできますし、複数のアカウントを持つこともできますが、グーグルにとってはそれほど大きな意味を持ちません。グーグルにとって重要なのは、それらのアカウントがすべて同一人物として特定でき、その人物の行動がもれなく追跡できることです。

　あなたの動きを追跡するのは、**クッキー**（Cookie）と呼ばれる技術です。クッキーは、サーバーがアクセスしてきたブラウザーに小さなファイルを預けることで、世界中からアクセスしてくる無数のクライアントを識別し、以前のアクセス情報と紐づける技術です。フォーチュンクッキーのように人目につかないところでメッセージを交換することから、クッキーと呼ばれるようになりました。この仕組みを使えば、サイトを訪れたユーザーの訪問履歴を蓄積できます。

🔵🔵 **クッキーの仕組み**

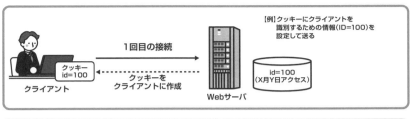

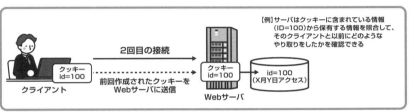

　検索エンジンでも Gmail でも、最初にあなたがグーグルのサービス（google.com ドメイン）にアクセスした時に、使っているブラウザーに識別子（便宜上「グーグル ID」と記述）が割り当てられます。そして、Gmail をアクセスした時点であなたの登録情報と紐づけられます。ブラウザーに保管されるクッキーの情報を削除することもできますが、パスワードを何度も入力することが面倒なあなたは、クッキーを削除しようとはしません。検索エンジンを使えば、あなたがその瞬間に何に興味を持っているかが記録に残ります。

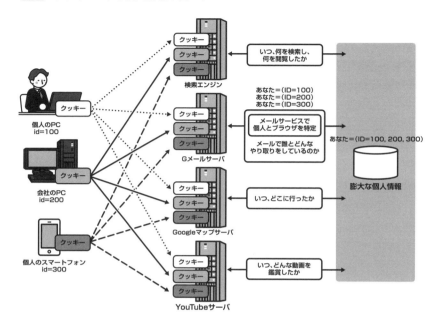

クッキーによる個人情報の紐づけ

　これは、1つのクライアントデバイスに限った話ではありません。スマートフォンであれ、会社のパソコンであれ、あなたがグーグルのサービスにログインした瞬間から、ブラウザーとあなたは新たなグーグルIDで紐づけられ、監視の目はさらに広がります。グーグルの傘下にあるYouTubeの利用情報も、グーグルマップとスマートフォンの組み合わせで収集される位置情報も、すべてが集約されグーグルIDによって紐づけられます。

　1つの検索履歴ではほとんど何も得られませんが、日々の検索履歴が蓄積されていくことで、趣味、住んでいる場所、性別、職業など、あなたの人物像が次第に明らかになります。たとえ裏アカウントからのアクセスであったとしても、クッキーには関係がありません。同じブラウザーを使っていれば、同一人物として監視されます。PCを共有することで発生するノイズ(誤った情報)や、クッキーを削除することで情報に欠落が生じたとしても、全体として見れば誤差の範囲でしかありません。このようにして、私たちのプライバシーは失われていくのです。

4.11
個人情報をめぐる戦い

　個人情報に敏感そうに思える日本のマスコミも、インターネット上の個人情報の扱いについて、事件が起こらなければ大きく取り上げることはありません。私たちは、個人情報がどのように扱われているかを正しく理解し、適切なルールで運用する必要があります。

クロスサイトトラッキング

　ほとんどのユーザーは、便利であるがゆえに、クッキーを削除することなく同じブラウザーを使い続けています。この、ユーザーが実際に訪れているサイトが発行するクッキーを**ファーストパーティクッキー**と呼びます。

　しかし実際には、ユーザーが参照しているサイトとは直接関係のないサイトからもクッキーを受け取っています。表示されるウェブページに組み込まれたバナー広告などが発行する**サードパーティクッキー**です。多くのユーザーは、バナー広告によって自身のアクセス履歴が収集されていることを知りません。

クッキーによるクロスサイトトラッキングと ITP によるサードパーティクッキー
への対策

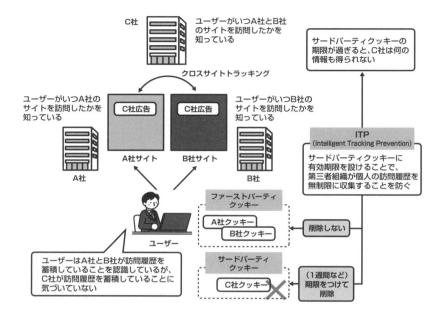

上図において、ユーザーはA社とB社のサイト間を移動しているとします。この時、ユーザーは、A社とB社が自分のアクセス履歴を収集することについては覚悟しています。ところが、2つのサイトに広告を出しているC社も、このユーザーが認識していてもいなくても、A社やB社のサイトをいつアクセスしたかを知っています。

このC社がネット広告の会社だった場合、契約しているサイトにさまざまな広告を差し込みます。C社が多くのクライアント（広告主）を抱えれば抱えるほど、ユーザーの動きが手に取るように分かるのです。これを、**クロスサイトトラッキング**と呼び、ネット広告会社は、収集したアクセス情報を分析してアクセスしたユーザーのプロファイリングを行います。広告主は、自社の商品を注文しそうなユーザー属性を、広告会社が示す選択肢から選ぶだけでターゲットを絞った広告を展開できます。たとえば、「20代か30代」「東京近郊に住んでいる」「女性」と指定して、若い女性向けの化粧品の広告を打つことができます。これが、ウェブマーケティングの代表的な手法の1つです。

プライバシー保護のための規制

　本人の知らないところで個人情報が扱われている現状に対する批判的な声は少なくはなく、プライバシーを保護するための規制が強化されつつあります。

　アップルは、サードパーティクッキーの有効性を制限する ITP（Intelligent Tracking Prevention）と呼ばれる技術を、同社のブラウザーである Safari に組み込むなど、プライバシー保護に積極的に取り組んでいます。この技術は、Mozilla Firefox にも組み込まれています。2020 年 1 月、グーグルもまた、2 年以内に同社のブラウザー Chrome でのサードパーティクッキーのサポートを段階的に廃止する計画を発表しました。

　一方、サードパーティクッキーを利用していたフェイスブックは、ITP や欧州の法律に対抗するために、すでに 2018 年からファーストパーティクッキーに軸足を移しています。フェイスブックの「いいね」ボタンは、ネット上のさまざまな記事についていて、クリックすると仲間にその記事を知らせることができる便利なツールです。しかし、その「いいね」ボタンには訪問履歴を収集するロジックが組み込まれており、あなたが「いいね」ボタンをクリックしてもしなくても、フェイスブックはファーストパーティクッキー経由であなたの情報を収集しています。なぜなら、あなたがアクセスしているホームページを開設している会社は、共同マーケティングという名の下にフェイスブックのコードを組み込んでいるからです。

　しかも、それはフェイスブックだけの話ではありません。アクセス状況を分析したいサイト運営者は、Google Analytics というアクセス解析ツールを利用するためにグーグルのコードを組み込んでいます。グーグルもまた、それらのサイト経由であなたの行動を把握しているのです。

　2018 年 5 月、欧州連合（EU）は、一般データ保護規則（General Data Protection Regulation：GDPR、以下、「GDPR」と記述）を施行しました。GDPR の最大の特徴は、クッキーを個人情報として認めたことです。2018 年 10 月、英国のデータ保護規制当局は、フェイスブックの顧客である政治コンサルティング会社が 8,700 万人分の個人情報を不正に流用したとして、フェイスブックに 50 万ポンド（約 7,200 万円）の罰金を科しました。また 2019 年 1 月には、フランスのデータ保護規制当局は、グーグルに対し GDPR 違反で 5,000 万ユーロ（約 62 億円）の罰金支払いを命じました。

　日本の個人情報保護法も 2020 年 6 月に改正案が可決され、公布されました。クッキーは個人関連情報として保護の対象となり、公布から 2 年以内に施行されます。クッキーなどの個人関連情報に対しては、ユーザーの同意を取得することが必要になるなどの規制が追加されました。ただし、法人に対する罰金の上限が 1 億円であり、海外の法律と比較すると少額のようにも思われます。

個人情報の取り扱いに対するユーザーの意識

　個人情報は、新型コロナ対策や犯罪抑止などに活用すれば、効率良く社会の秩序を維持できる有効な手段となり得ます。今後、スマートシティや自動運転が普及すれば、さらに多くの個人情報が管理されることになるでしょう。DX を推進するためには、個人情報に関して何を許し、何を許さないかについて、日本社会におけるコンセンサスが必要です。

● デジタル市場での個人情報の取り扱いに対する実態調査（個人情報に関する懸念）
（「デジタル広告の取引実態に関する中間報告書」（公正取引委員会）を元に作成）
https://www.kantei.go.jp/jp/singi/digitalmarket/kyosokaigi_wg/dai12/
siryou2-2.pdf

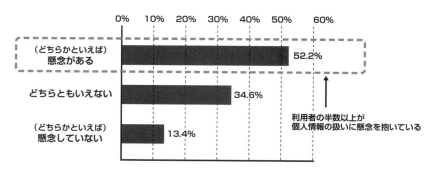

情報の収集・利用に対する懸念(回答数:2,000)

　プライバシーに対する規制は必要ですし、プライバシーを守りたいという人たちの気持ちが分からないわけではありません。ただ、利便性とプライバシーが秤にかけられた時に、私たちは本当に理性的な判断ができるのでしょうか。現在でも個人情報の利用に関して許諾を求めるサイトがありますが、その後に

続く長たらしい「利用規約」を読んでいるユーザーが、果たしてどのくらいいるのでしょうか。

● デジタル市場での個人情報の取り扱いに対する実態調査（利用し続ける理由）
　（「デジタル広告の取引実態に関する中間報告書」（公正取引委員会）を元に作成）
　https://www.kantei.go.jp/jp/singi/digitalmarket/kyosokaigi_wg/dai12/
　siryou2-2.pdf

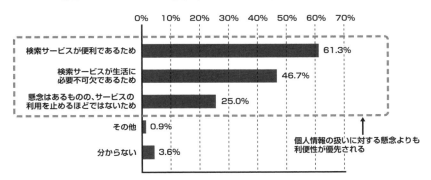

懸念があるにもかかわらず利用し続ける理由（複数回答可）（回答数：1,042）

理由	割合
検索サービスが便利であるため	61.3%
検索サービスが生活に必要不可欠であるため	46.7%
懸念はあるものの、サービスの利用を止めるほどではないため	25.0%
その他	0.9%
分からない	3.6%

個人情報の扱いに対する懸念よりも利便性が優先される

　公正取引委員会が2020年に実施した実態調査によると、検索サービス提供業者が個人情報を利用することに懸念を抱いているユーザーは半数以上いるものの、「検索サービスが便利なため」などの理由でサービスを使い続けていることが明らかになりました。また、同年4月12日に放送されたNHKスペシャル『さよならプライバシー』によると、幼い頃からスマートフォンに親しんできた若者の3分の2は、「デジタルの世界にプライバシーはない」と考えているそうです。

　すでに膨大な個人情報を収集し終えた大手プラットフォーマーは、さらなる情報を収集し、より高度な分析を行って、これまで以上に私たちの生活に影響を及ぼすのかもしれません。

4.12
DX時代の先進企業〜全日本空輸 [ANA]

　経済産業省が「2019年に最もDXに取り組んでいる企業」として選定した全日本空輸（ANA）は、デザイン思考やマイクロサービスなどの技術を採用して、それぞれのタッチポイントにおいて、顧客に関する最新の情報にアクセスできるような社員向けサービスを実現しています。

ANAの取り組み

　デザイン思考による人間中心のサービスデザインや、マイクロサービス[注]によるサービスのすばやい進化は、一般のユーザー企業にとってはまだまだ先の話かもしれません。しかし、海外ではアマゾンやネットフリックス、日本でもLINEやクックパッドなど、急成長を遂げている先進企業を中心に採用されています。

　「攻めのIT経営銘柄2019 DXグランプリ」を受賞したANAホールディングス株式会社もその1つです。「JDMC AWARD（データマネジメント賞）」を受賞したANAグループのANAが、顧客体験基盤（CE基盤）と呼ぶ企業情報システムから数多くのヒントが得られます。その中から、次の3点に絞ってANAの取り組みを紹介します。

- カスタマージャーニーマップによるタッチポイントの分析（デザイン思考の適用）
- 仮想データベースによる顧客情報の有効活用（顧客情報へのリアルタイムアクセス）
- API連携によるユーザーに合わせた迅速なサービス開発（マイクロサービスアーキテクチャーの採用）

■■ カスタマージャーニーマップによるタッチポイントの分析（デザイン思考の適用）

　次ページの図は、ANAをメディアを通じて認知するところから、旅が終わっ

注）　マイクロサービスは、小さな独立した複数のサービスを組み合わせて、全体のサービスを実現するテクノロジーです。詳細は、「6.3　マイクロサービスアーキテクチャー」を参照してください。

て思い出に浸るまでの場面をアイコンで表現したものです。これは、顧客との
タッチポイント(顧客接点)の概要を時系列に沿って把握するためのカスタマー
ジャーニーマップをアイコンで表現したもので、より良い顧客体験をデザイン
するために利用しています。また、「飛行機を初めて利用する2人連れの客」
や「旅慣れたビジネスマン」など、ペルソナと呼ばれる架空の顧客を具体的に
定義して、それぞれのタッチポイントでの顧客の感情を想像しながら、商品開
発を行っています。たとえば、車いすの乗客がスムーズに搭乗できるような環
境の整備に利用したそうです。

● **ANAがアイコンを使って見える化したカスタマージャーニーマップ**
（画像提供：全日本空輸）

■ **仮想データベースによる企業情報の有効活用（企業情報へのリアルタイムアクセス）**

　仮想データベースの技術を使って、旅客情報、運行情報、顧客情報などを一
元的に管理する情報基盤を構築しています。これにより、それぞれのタッチポ
イントにおいて、顧客に関する最新の情報にアクセスできるようになりました。
　どの会社も、分散した顧客情報を一元的に管理し、リアルタイムに活用した

いと考えていますが、データの蓄積方法が異なっていたり、統合するために膨大な労力やコストが見込まれたりすることで、諦めてしまう会社も少なくありません。ところが、仮想データベースの技術を使ったことで、比較的容易に課題を解決できたとこのプロジェクトの関係者は語っています。

● 顧客体験基盤（CE 基盤）のシステムアーキテクチャー概要
（全日本空輸提供の画像を元に作成）

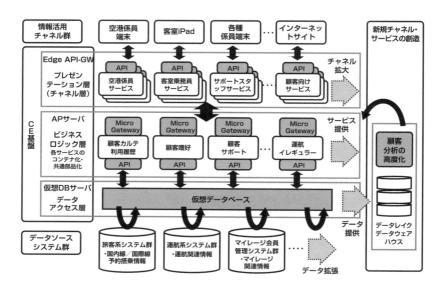

■ API 連携によるユーザーに合わせた迅速なサービス開発
（マイクロサービスアーキテクチャーの採用）

　CE 基盤は、データアクセス層、ビジネスロジック層、プレゼンテーション層で構成される3層構造の、柔軟で拡張性の高いアーキテクチャーになっています。空港係員や客室乗務員など、それぞれの現場の使い勝手を考えて、ユーザーインターフェースを用意しています。マイクロサービスアーキテクチャーを採用したことで、他のサービスに影響を与えることなく新たなサービスを追加できる点も、このシステムの優れた特徴と言えます。

第4章のまとめ

　情報の伝播スピードが速く、商品の差別化が困難なコモディティ化の時代には、顧客の感情にインパクトを与えるような商品が求められています。サービス提供者と顧客が協力すれば、より簡単に顧客にとって魅力的な新たな価値を生み出すことができます。しかし、その一方で先進のIT企業はITサービスを通してユーザーの情報を収集し、それぞれのユーザーに合わせて興味のある広告を表示するなど、サービス消費者から見えないところで利益を得ています。

　下のグラフは、2001年から2020年までのGAFAと製造業の代表的企業であるトヨタやシーメンスの株式時価総額の推移と、2019年時点での従業員数を表したものです。GAFAはこの数年間で急成長していますが、製造業における優良企業の成長は緩やかです。

　また、製造業の場合、商品価値を創出するために多くの資源を費やす必要があり、設備の量も従業員の数も多くなります。プラットフォーマーは、周りにある資源を上手に活用して、効率良く事業を展開していることが分かります。アマゾンだけは例外で、5年前から従業員が約50万人増えています。これは、ラストワンマイルの戦いのために物流拠点や現実世界の店舗を増やしたこと、また、その過程で食品スーパーのホールフーズを買収したことが主な要因と言われています。

GAFA、トヨタ、シーメンスの株式時価総額の推移（2001-2020）と従業員数（2020）（「Ycharts」のデータを元に筆者が作成）
https://ycharts.com/

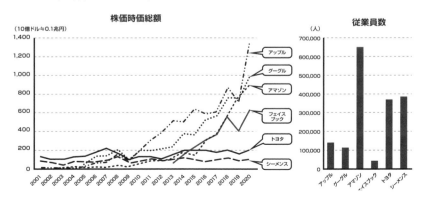

　顧客体験が重視されるインターネットの世界では、言語も重要な成功要因です。英語圏や中国語圏の市場規模は、日本語圏のそれとは比較にならないほど大きく、日本の企業が不利な立場に置かれていたことは事実です。今後、AIや自動翻訳などの技術により、言語による市場の境界は徐々に消えていくことになると思われますが、そのことが必ずしも日本の企業に有利に働くとは限りません。いずれにしても、すでに膨大な個人情報を抱えているグローバル企業との競争が、激しさを増していくことは間違いないでしょう。

　価値共創の時代は、それが正しい姿かどうかは別として、決して顧客と仲良くすることでありません。個人のプライベートな情報をできるだけかき集め、組織が望む方向へ人々を誘導し、競合他社より早く大きくなって利益を独占するという、過去よりもさらに熾烈な競争の時代なのです。

第5章
IT プロセスのリーン化

　この十数年の間に、コンピューターの世界では新たな技術が次々と生み出された
だけでなく、性能が飛躍的に向上し、製造コストも大幅に下がりました。いくつか
のIT企業はこれらのテクノロジーを積極的に活用して、他の会社とは比較になら
ないほど速く成長しました。後塵を拝した企業が、これ以上差を広げられないよう
にするためには、進化のスピードを速める必要があります。サービスをすばやく開
発し、フィードバックをいち早く取り入れて成長しなければなりません。それは、
ITプロセスのリーン化であり、具体的にはアジャイル開発やDevOpsを取り入れ
ることです。

　本章では、一般の企業で実践されているITプロセスが抱えている問題点に焦点
を当てて、ITプロセスのリーン化が求められている理由を説明していきます。

● **第5章の位置づけ**

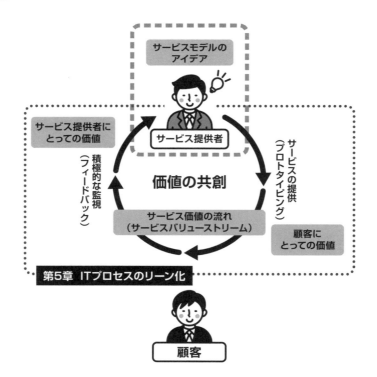

5.1
リーンスタートアップ

　ビッグデータをかき集め、AI を駆使して新たなビジネスモデルにたどり着いたとしても、それを成功につなげるためには、正しい方向に向かって努力をしなければなりません。**リーンスタートアップ**は、この「正しい方向」を効率良く見つけ出して、事業を早急に立ち上げるための方法です。

改善サイクルを高速に回転させて事業をすばやく立ち上げる

　リーンスタートアップの基本戦略は、改善サイクルを高速に回転させて事業をすばやく立ち上げることです。そのために重要なのはムダな開発をしないこと、そして、客観的事実によって方向性を決めることです。

■ 高速なプロトタイピングとフィードバック

　『リーン・スタートアップ　ムダのない起業プロセスでイノベーションを生みだす』（日経 BP ／ 2012 年）の著者であるエリック・リース氏は、自身の過去の失敗からこの仕組みを思いつきました。膨大な時間と労力をかけて完成させた製品が市場に受け入れられなかった経験から、できるだけ早く製品が評価される仕組みを考えました。その製品にとって最も重要な機能だけを実現した実用最小限の製品（MVP：Minimum Viable Product）を作ることで、対象ユーザーからできるだけ早くフィードバックを受け取るというアイデアです。

　その商品にとって重要と思われる機能を、できるだけ早くプロトタイプに組み込んで顧客に使ってもらいます。その商品の潜在的な顧客からのフィードバックを手がかりとして、市場が求める商品に近づけていきます。「MVP の高速なプロトタイピング」と「将来の顧客からのフィードバック」によって、企業は余計な開発作業を最小限に抑え、迅速かつ着実に市場に受け入れられる商品を開発できます。

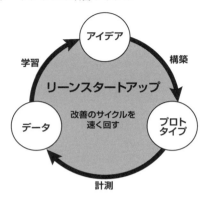

リーンスタートアップの改善サイクル

客観的事実による意思決定

　スタートアップを成功させる、もう１つの重要な鍵は客観的事実による意思決定です。私たちは何かを始めると、それを止めたり変更したりすることがなかなかできません。このアイデアの提唱者であるリース氏でさえ、今でも方向転換は難しく、判断に自信が持てないことがあることを認めています。それでも革新会計（Innovation Accounting）と呼ぶ、変更の成果を客観的に評価する指標を用いることで、正しい判断がなされる確率を高めることができます。

　革新会計は、ITサービスであれば、ユーザー登録数、クライアントソフトウェアのダウンロード数、サービスの利用頻度などの変化や拡散スピードを数値化したものです。

　たとえば、ある変更を加えた後の３ヵ月間に、「どのくらいユーザー数が増えたか」「登録ユーザーの何％が毎日アクセスしているか」などの数値を測定して、良い結果が得られればその変更は正しい方向に向かっていると判断できます。逆に、変化が認められないようであれば、努力する方向を調整したり、諦めて別の可能性に挑戦したりできます。

　A/Bテストも、市場からのフィードバックを収集する方法の１つです。２つのパターンをそれぞれ別のグループにリリースし、その反応からどちらの変更がより効果的かを検証します。統計情報によって客観的な評価ができることに加え、対象者が一部なのでうまくいかなくてもインパクトが小さく、簡単に元に戻すことができます。A/Bテストは、ウェブサイトにおけるユーザーインターフェースの変更など、変更の是非の判断を市場に委ねる場合などに利用されています。

高速な改善サイクルでサービスの進化を加速する

リーンスタートアップの高速な改善サイクルは、もともと新たな事業を立ち上げる手段として利用されてきました。しかし、IT プロセスのリーン化によって、IT サービスに対して高速な改善サイクルが適用できるようになりました。サービスのリリースとフィードバックが日常的に繰り返せるようになり、進化のスピードが加速したのです。

「フェイスブックにおける開発と展開（Development and Deployment at Facebook）[注1]」というタイトルの論文によると、2004 年に創業したフェイスブックの開発チームにおける 1 日のコミット回数（コードの登録回数）は、2012 年には 1 日 500 回にまで達しました。開発者が増えると開発スピードが落ちるという、それまでの常識（ブルックスの法則）を、フェイスブックは覆したのです。論文に掲載されているグラフを参照すると、開発者の増加数とほぼ同じ比率でコードの変更量も増え、2012 年には毎月約 1,000 万行の変更がなされています。

2012 年当時は、すべての変更を反映させる週 1 回の大規模リリースと、選抜された変更を反映させる毎日 3 回のリリースが実施されていました。ただ、リリースエンジニアに対する負荷が高まり、限界を感じたフェイスブックは、新たな挑戦に挑みます。フェイスブックのエンジニアリングディレクターだったチャック・ロッシ氏[注2] によると、2016 年 4 月から徐々に継続的デプロイ[注3]に切り替えて、リリースエンジニアへの負荷を減らしました。この新たな仕組みでは、開発者がコードをコミットすると、変更はそのまま社内環境に投入され、最終的には本番環境にリリースされます。本書では解説しませんが、本番環境の安全性を担保するためにさまざまな工夫がなされています。

それまでフェイスブックでは、ほとんどの変更が週 1 回の大規模リリースに

注 1）「Development and Deployment at Facebook」（ドロール・G・フェイテルソン、エイタン・フラクテンバーグ、ケント・L・ベック［著］／ IEEE Internet Computing July 2013）
　　　https://www.researchgate.net/publication/260493613_Development_and_Deployment_at_Facebook

注 2）「Rapid release at massive scale」（チャック・ロッシ／ 2017 年）
　　　https://engineering.fb.com/2017/08/31/web/rapid-release-at-massive-scale/

注 3）継続的デプロイ：ソフトウェア開発者が開発したコードを登録すると、自動的に構築とテストが実施され、問題がなければそのまま本番環境にリリースされる開発手法。「5.12　継続的デリバリー」でも説明しています。

集中するため、世界中のすべてのエンジニアがそのタイミングに注意を払う必要がありました。しかし、継続的デプロイによって、誰もが都合の良い時に本番環境に展開できるようになりました。また、コードを変更してから本番環境に反映されるまでに約1週間近くかかるため、重要とみなされない変更の改善サイクルの速度は遅くならざるを得ませんでした。

フェイスブックは2012年当時でさえ、他を圧倒するほどの開発スピードを実現しながら、新たな挑戦によってさらなる進化を遂げたのです。そこには、バリューストリームから徹底的にムダを排除するトヨタの哲学と同じ精神を感じさせます。

フェイスブックは毎日、サービスを少しずつ改善することで、他に追随を許さないサービスへと進化しました。これは、フェイスブックだけの話ではありません。アマゾンやネットフリックスなど、今、世界をリードする企業は、リリースとフィードバックの量と質を高めて、圧倒的な速さでサービスを進化させているのです。

⬤ **高速なサービス改善サイクル**

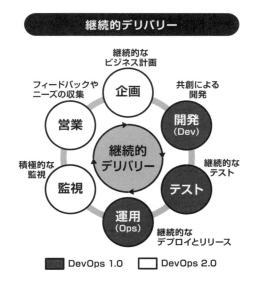

上図のような、ビジネス上の意思決定も含む、ITサービスの高速な改善サイクルが **DevOps** です（詳細は「5.11　DevOpsとは何か」を参照）。開発（Develop）

と運用（Operations）という 2 つの単語を組み合わせて、DevOps という言葉が使われるようになった 2008 年当時、ソフトウェアを開発してからリリースするまでの時間を短縮することが DevOps の主な目的でした。しかし、運用からのフィードバックによってサービスの価値を高めるという概念も、徐々に含まれるようになりました。ソフトウェアの構築・テスト・展開の自動化・高速化が注目されがちな DevOps ですが、ビジネスの指標を積極的に監視して IT サービスの進化を速めていることも忘れてはなりません。この、開発とフィードバックを継続的に繰り返す手法を、DevOps 2.0 と表現する人もいます。

5.2
制約条件の理論

制約条件の理論は、「ボトルネックを解消すれば、最小の努力で最大の改善が期待できる」というものです。日本の多くの組織には、意思決定プロセス、アプリケーション開発、サービスリリース、サービスからのフィードバックなどにボトルネックが存在している可能性があります。

企業にとってのゴールとは

エリヤフ・ゴールドラット氏は、制約条件の理論をテーマとした小説『ザ・ゴール』（原題：『The Goal』）を 1984 年に発表しました。この小説は、工場長である主人公が制約条件の理論を学びながら生産現場のボトルネックを次々と解消し、ハッピーエンドで終わる物語です。企業の最終目標（ゴール）は何かをテーマにしており、『ザ・ゴール』というタイトルがついています。

ちなみに、この小説では企業にとってのゴールは利益を上げることであると結論づけています。さらに、企業の価値は、売上高（企業が生み出すお金の量）、運用コスト（そのために必要なお金の量）、そして、在庫（企業内に滞留しているお金の量）で測ることができると、登場人物に言わせています。ゴールドラット氏は、リーン生産方式の論文が世に出るはるか前から、モノと情報の流れの量と質（太さ［スループット］、コスト、速さ［リードタイム］）に注目し、価値の流れから淀みを取り除くことの必要性を訴えていたのでした。

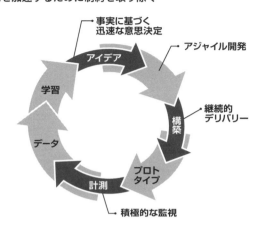

進化を加速するために制約を取り除く

　上図は、ITサービスの改善サイクルを表しています。モノや情報の流れが遅い、あるいは少ない箇所を細い矢印で表しています。仮に、アジャイル開発によって開発スピードを速めたとしても、どこかに時間がかかる工程が存在すれば、その成果を十分に獲得することはできません。組織に存在するすべての制約を取り除き、価値の循環をより速く、より太くする必要があります。その1つである意思決定の速さについては、経営の話として第7章で扱います。

　本章では、IT領域における制約条件にフォーカスし、その解決策として、アジャイル開発とDevOps（継続的デリバリーと積極的な監視）について議論を進めていきます。

5.3
ソフトウェア開発工程における制約

　顧客はサービスに対しても、必要な機能を必要な時に提供してほしいと考えています。今すぐにでも利用したいという顧客のニーズに対して、その機能を実現するアプリケーションをより早く提供するためには、ウォーターフォール型の開発では限界があります。

ウォーターフォール型開発の制約とリーンソフトウェア開発

　コンピューターが世の中に普及し始めた当時、業務用ソフトウェア（アプリケーション）を開発するためには、膨大な人員を投入する必要がありました。ハードウェア、ソフトウェア、ネットワーク、プログラミング言語など、さまざまな領域で高度な専門知識と豊富な経験が要求されました。組織は、開発の各工程に専門家集団を配置して、顧客や市場のニーズに応えるアプリケーションを 2 ～ 3 年かけて投入していました。この開発手法は、上流から下流にかけて段々と流れ落ちていくイメージから、後にウォーターフォール（滝）型のソフトウェア開発手法と呼ばれるようになりました。

　ウォーターフォール型の開発ではプロジェクトを開始する際に、アプリケーションの仕様を決定し、おおよその計画を立案して契約を結びます。この巨大なソフトウェアを一挙に開発する方法は、製造業における大量生産方式に似ています。品質検査を製造工程の最終段階で行うことや、役割分担を明確にして責任範囲を細分化することなども大量生産方式と同じです。それは、自動車の製造工程と同じようにリーン化すれば、より効率的に質の高い成果物を生産することができることを意味しています。

　2003 年、ポッペンディーク夫妻は『リーンソフトウエア開発～アジャイル開発を実践する 22 の方法～』（日経 BP ／ 2004 年）という本の中で、アジャイル開発を実践するための 7 つの原則を示し、さらに、次の著書『リーン開発の本質～ソフトウエア開発に活かす 7 つの原則～』（日経 BP ／ 2008 年）でアジャイル開発のメリットとその合理性を説明しました。その後者に記された 7 つの原則とは次のようなものです。

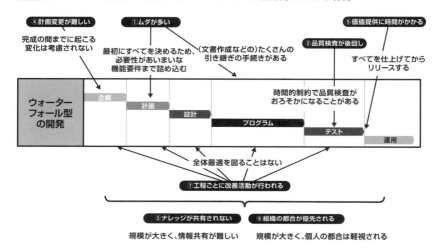

アジャイル開発から見たウォーターフォール型開発における制約

■■■ 原則1：ムダをなくす

　開発が始まる前に仕様を決める場合、顧客は思いつく限りの機能を盛り込もうとするためにムダな機能が紛れ込みます。作業する直前に協議して優先順位の高い要求から実装すれば、ムダな作業を排除できます。

■■■ 原則2：品質を作り込む

　ソフトウェアの欠陥も、開発工程の下流になればなるほど深刻になる傾向があり、本番環境にリリースされてしまうと顧客のビジネスにダメージを与えます。ソフトウェアの品質を最後に慌てて検査するのではなく、最初から欠陥を排除する工夫が必要です。

■■■ 原則3：ナレッジを作り出す

　集団でソフトウェアを開発している場合、最初にルールを決めて堅持することは、秩序を保つためにも必要な仕組みです。そのため、ウォーターフォール型の開発プロジェクトには、後でわかった事実からアプリケーションの仕様や開発の段取りを変えるという発想はありません。アジャイル開発には学んだ教訓をいち早く取り込んで、以降の開発サイクルに生かす仕組みがあります。

■■■ 原則 4：決定を遅らせる

　ソフトウェアの仕様や開発計画は最初に決めるべきものでした。しかし、現代においては将来を正確に予測することなどほとんど不可能です。最初に正確な予測ができなくても、確実に成果を出す方法があります。それは、決定を遅らせることです。アジャイル開発はプロジェクトを開始した時の予測によってではなく、判明した事実に基づいて判断し行動します。

■■■ 原則 5：早く提供する

　巨大なソフトウェアを提供するには時間がかかります。アジャイル開発は、ソフトウェアの機能を分割し、少しずつ作りこむことで、顧客により早く価値を提供できます。バッチを小さくすることは、早く価値を届けるだけでなく不良品を早く見つけることにもつながり、欠陥によって生じるムダを削減します。

■■■ 原則 6：人を尊重する

　改善の余地のないプロセスなど存在しません。ウォーターフォール型の開発プロジェクトで、確立したプロセスを変えるには相当な覚悟と努力が求められます。標準プロセスを一方的に押し付けるのではなく、その作業をしているチームに改善させるべきです。事業側の代表者も参加して、自分たちだけで問題解決を図る職能横断型のチームには、自身で問題を解決するための時間と権限が与えられています。

■■■ 原則 7：全体を最適化する

　開発工程の分業化が進めば進むほど、価値の流れに淀みが生じます。開発者は設計が終わるのを待ち、テスト担当者は開発が完了するのを待つことになります。エンドツーエンドで価値の流れを概観し、淀みを取り除く必要があります。

　これらリーンソフトウェア開発の 7 つの原則に従えば、ソフトウェアの価値が顧客により早く届く可能性は高まります。ただ、全体最適は開発チームだけで実現できるものではありません。構築、リリース、運用などの各工程を連携させることではじめて全体最適を図ることができます。それは、アジャイル開発だけでなく、DevOps によってリリース速度を速めることも含まれています。いずれにしても、ソフトウェア開発工程における制約を取り除くためには、ア

ジャイル開発を避けて通ることはできません。

5.4
サービスリリースにおける制約

　開発したアプリケーションをサービスとしてリリースするためには、十分な
テストと運用チームへの引き継ぎが必要です。今までは、変更管理においてリ
スク評価をすることで本番環境を保護してきました。しかし、競争の激しい市
場で継続的に進化するためには、より速い評価とリリースの仕組みが求められ
ています。

　アジャイル開発によって開発工程だけを高速にしても、リリースまでの時間
が変わらなければ、組織が進化するスピードを速めることはできません。ソフ
トウェアを本番環境に展開するプロセスの自動化だけではなく、開発チームと
運用チームの間に信頼関係を築くことで、変更のリードタイムを短縮します。
2つのチームの信頼関係が損なわれると、運用チームの受け入れ審査に時間が
かかり、リリースするまでの時間を縮めることはできません。両者の間にある
垣根を取り払って協力する文化を育むことが求められています。

構築から展開までの制約

　仮想マシンが実用化される以前は、アプリケーションの稼働環境を用意する
までに相当な時間が必要でした。今でも大型の物理サーバーを自社に設置する
場合には、少なくとも2～3週間は費やされるのではないでしょうか。しかし、
クラウドサービスを利用すれば、クリック数回でプラットフォームを用意でき
ます。

　それでもソフトウェアの構築、テスト、展開といった作業を行わなければな
りません。それらの作業も自動化すれば、ユーザーが利用できるようになるま
での時間を大幅に短縮できます。

変更管理における制約

　変更管理プロセスの見直しも必要です。DORA（DevOps Research and Assessment）は、DevOps に関連するパフォーマンスデータを世界中から幅広く収集し、その分析結果を「State of DevOps Report」として毎年公表しています。2019 年のレポートでは、変更のリードタイムに基づいて組織の IT パフォーマンスを「低い（Low）」「中（Medium）」「高い（High）」「優秀（Elite）」の 4 つに分類し、変更失敗率との相関関係を分析しました。

　変更のリードタイムは、組織が変更を要求してから実施されるまでの時間で、変更の承認プロセスなども含まれています。このレポートには、承認プロセスに時間を費やしても変更失敗率を低下させることはなく、むしろ、変更が失敗する割合が高いという事実が示されています。

● 変更のリードタイムと変更失敗率の相関関係（「Accelerate State of DevOps Report 2019」を元に筆者が作成）
https://services.google.com/fh/files/misc/state-of-devops-2019.pdf

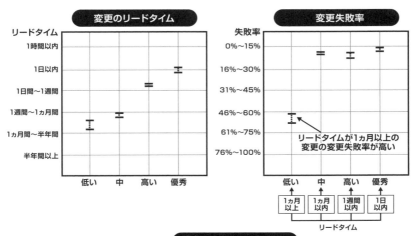

変更管理から変更実現へ

変更管理の目的は、変更によって得られる価値と費やされるコストやリスクを評価して、組織として変更を実施するか否かを判断することです。変更管理の重要性に目が向けられたのは、サービスの基盤が汎用機からオープン系のシステムに移行する過程で、サービスの信頼性が急激に悪化した2000年代でした。事業に対して新たな機能を提供するために、開発チームが新規開発もしくは変更したアプリケーションを本番環境に次々と投入しました。

当時は、オープン系のシステムに対する運用技術が未発達の状態で、エンジニアの知識や経験も不足していました。そのためトラブルが相次ぎ、安定したサービスを求められた運用チームは、障害を引き起こすような変更を抑止する手段として、変更管理の手続きを充実させました。サービスの利害関係者がすべての変更を事前に審査することでサービスは安定し、この取り組みは成功を収めました。

しかし、ITサービスが世界規模でしのぎを削る時代になって、安定性もさることながら敏捷性も求められるようになりました。変更を管理することの重要性に変わりはありませんが、サービスを止めない技術や工夫が広まる中で、すばやく変化することを求める圧力はますます強まっています。とくに、インターネットを主戦場とする企業にとって、ITサービスは競争力の源泉であり、半永久的に進化させなければなりません。多くの利害関係者が参加する変更管理の手続きは、組織の重荷になっていると指摘されるようになりました。

5.5
サービス運用からのフィードバックにおける制約

運用チームは、サービスの稼働状況を技術的観点で監視しています。しかし、事業にとっては、サービスがどのように利用されているかのほうが重要です。事業のニーズにより早く対応するためには、有効な情報をリアルタイムに収集し、適切なフィードバックをより早く関係者に伝えなければなりません。運用チームから事業部門や開発チームへの価値の流れは、多くの組織でほとんどないか、あってもゆっくりとした細い流れになっていて、組織の進化を妨げています。

意思決定のための情報を適切に伝達する

事業部門が求めているのは、どの商品がいつ誰によって参照されたかなど、ビジネスに直結する情報であり、ディスクやCPUの使用状況ではありません。開発チームは、アプリケーションの不審な動きに関する情報を欲していますが、運用チームにしてみれば、どれがそれに当たるのかは知るよしもありません。

その一方で、運用チームがサービスの不具合を報告しても、開発チームからは優先度の低い作業として扱われることも少なくありません。そもそもエスカレーション先となる開発チームが解散していて、存在しないこともあります。事業や開発チームがより適切な意思決定をするために、サービスの運用状況を適切な人により早く伝える仕組みが必要です。

■■■ 進化する監視の世界

この数年の間に監視技術も進化しました。たとえば、利害関係者により有効なフィードバックを行うために、測定データを可視化するツールが利用されるようになりました。一例を挙げると、運用スタッフが注視している指標を直感的に把握できるように、分析結果をグラフで表示することが容易になりました。

また、協働を支援するために情報共有や議論の場を提供するコラボレーションツールも普及しています。開発チームが使用しているツールからの重要なメッセージを、コラボレーションツールを通して関係者に通知することで、アプリケーションの構築、テスト、展開に関する情報を共有したり、エラーに対する対応を即座に議論したりできます。

さらに、決められた時間に指定された処理をするボットと呼ばれる技術も、AIと組み合わせることで人間と同じように仕事をこなせるようになりました。人とのコミュニケーションを司るチャットボットは、ユーザー支援の領域で活躍しています。チャットボットを用いれば、ユーザーからのフィードバックも効率的に収集できるようになります。

🔵 **高度化する監視の世界**

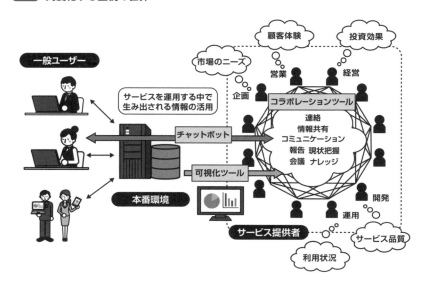

■ サービス運用から得られる情報の価値

　サービス運用から得られる情報は、サービス提供組織に多くの価値をもたらします。たとえば、システムの不調をより早く検知してサービス停止を防いだり、ユーザーの操作履歴からアプリケーションの改善機会を発見したりできます。

　ネットフリックスは、サービス運用から得た情報を分析して、膨大な数のサーバーの中から調子の悪いサーバーを顧客より先に見つけています。本番環境を監視することのメリットに気づいたグーグルやフェイスブックなどの先進企業は、サービス運用で生み出される情報の中から改善機会を検出し、サービス改善に積極的に取り組むことで現在の地位を獲得しました。

5.6
アジャイル開発とは何か

　より迅速で柔軟なソフトウェア開発を実現するため、**アジャイル開発**は生まれてきました。アジャイル開発は、短いサイクルで正しく機能するソフトウェ

アをリリースし、いち早くフィードバックを入手することで、開発チームとサービスを正しい方向に導きます。

アジャイル開発の誕生

　1990年代、開発の各フェーズにおける専門家チームは、担当する工程だけに責任を持つ体制になり、顧客との契約内容や次の工程に引き継ぐために作成される文書を重視していました。

　これに異を唱えたのが、少人数でアプリケーションを開発するグループでした。軽量ソフトウェア開発手法（lightweight methodologies）を研究していた先鋭的な開発者たちは、ソフトウェア開発において優先すべき事項を文書にまとめ、2001年、「アジャイルソフトウェア開発宣言（Agile Manifesto、付録1)」として公表しました。そして、それまでに生み出されたさまざまな開発手法はアジャイル開発手法と総称されるようになりました。

⬤ **アジャイルソフトウェア開発宣言が示した優先事項**

プロセスやツール	<	個人と対話
ドキュメント	<	動くソフトウェア
契約交渉	<	顧客との協調
計画に従うこと	<	変化への対応

　宣言の主旨は、「顧客との対話を重視して、動くソフトウェアを短期間に提供する」という、非常にシンプルな内容でしたが、それまでとはまったく逆のやり方でした。ウォーターフォール型開発のアンチテーゼとして、アジャイル開発を生み出してきた開拓者がこの宣言に込めた思いを、宣言の流れに沿って補足します。

■ 「プロセスやツール」よりも「個人との対話」

　プロセスやツールなどによって確立された既存のルールに厳密に従うことよりも、直接の話し合いで問題解決を図ります。そのために開発は少人数で行い、関係者が直接、対話する場面を増やします。ただ、やみくもにミーティングを

開催するのではなく、目的に沿って効率良く実施します。たとえば、情報共有を図る目的で毎日開催されるスタンドアップミーティング（朝会）は、その名の通り立ったままで、次の議題に限って話し合います。

- 本人が前日に行ったこと
- 本人が今日行うこと
- 目標達成の妨げになる障害や問題点

　たとえ他に話す議題があったとしても無関係な人を巻き込まないように、別の場で関係者だけで話し合います。

■■■「ドキュメント」よりも「動くソフトウェア」

　「動くソフトウェア」とは要求されている機能を提供できるソフトウェアのことで、欠陥（バグ）がたくさん含まれている当時のソフトウェアを皮肉った表現です。ウォーターフォール型開発でとくに問題視されるのは、品質の悪いソフトウェアがリリースされるケースがあるということです。スケジュールが押してくると、ソフトウェアの品質が犠牲になるのはよくあることです。ウォーターフォール型開発では役割分担が明確になっているため、自身が担当している工程が正しく実施されたことを証明するドキュメントの作成に注力します。その結果、価値を提供するソフトウェアよりも、それだけでは何の価値も生み出さないドキュメントの作成に工数が費やされることに疑問を投げかけています。

■■■「契約交渉」よりも「顧客との協調」

　ウォーターフォール型開発では、最初に交わした契約に基づいて問題を解決します。したがって、契約内容の細部にこだわり、お互いが不利な立場に追い込まれないように慎重な交渉がなされます。重要なのは契約を交わすことではなく、顧客の課題を解決するソリューションを提供することです。顧客と頻繁に会話を重ねる、あるいは、顧客を開発チームに参加させることのほうが、双方がより納得できるソリューションを導き出せるというのがアジャイル開発支持者の主張です。

■■■「計画に従うこと」よりも「変化への対応」

　ソフトウェアの開発には時間がかかり、リリースする頃には周囲の状況が一変していることさえあり得ます。契約文書は紛争解決には役立ちますが、市場の変化に対処する機能があるわけではありません。最初に立てた計画に縛られるよりも、環境の変化に柔軟に対応できたほうが顧客のニーズに合ったソフトウェアを提供することができます。

アジャイルの特徴

　アジャイルソフトウェア開発宣言に沿ってアジャイル開発の思想を解説してきましたが、具体的な開発方法はどのようなものなのでしょうか。アジャイル開発といってもさまざまな手法があるので、日本で最も普及していると言われているスクラム（Scrum）を例に、その特徴をお伝えします。

● アジャイル開発「スクラム」の開発サイクル

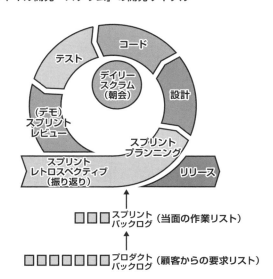

● プロダクトオーナーと呼ばれる事業側の代表者と少人数（3～9人）の技術者で構成される職能横断型のチームを作ります（職能横断型のチーム：問題解決に必要な複数の能力すべてを保有するチーム）

- 2週間前後の短い開発サイクル（イテレーション）で**動くソフトウェア**をリリースします
- 顧客の要求リスト（プロダクトバックログ）から、当面の作業リスト（スプリントバックログ）を作り、その中から次の開発サイクルで実装する機能を選出します
- 1つの開発サイクルで、すべての開発工程（要件定義、設計、開発、テスト）を行います
- 開発サイクルの最後に、顧客に成果物を披露し（スプリントレビュー）、フィードバックを受け取ります
- 振り返り（レトロスペクティブ）で学びや課題を共有し、その後の開発や改善活動に活かします
- この開発サイクルを顧客が満足するまで、あるいは、半永久的に繰り返します

アジャイル宣言の背後にある原則

　アジャイル開発にリーンの思想が垣間見えるのは単なる偶然ではありません。アジャイル宣言とともに示された「アジャイル宣言の背後にある原則（付録2)」の中には、リーン思考が確かに存在しています。

● アジャイル開発とリーン思考の関係

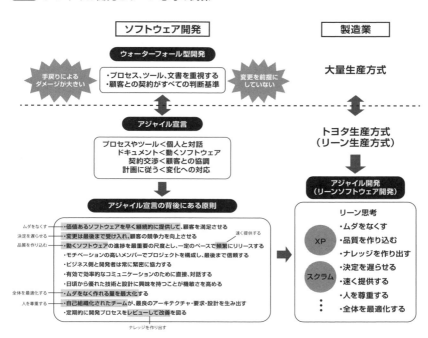

　つまり、アジャイル開発は、徹底的にムダを排除するというリーンと同じ価値観を持つ開発手法なのです。そのため、多能工化や小ロット生産など、トヨタが生み出してきた管理技法が、アジャイル開発手法の中にも形を変えて組み込まれています。

5.7
アジャイル開発に見られる多能工化

　アジャイル開発における職能横断型のチームは、それぞれのメンバーが複数の知識やスキルを持つことで、すべての役割を担えるチームを作るという思想に基づいています。責任の所在が明確で、チームは顧客と直接対話をし、他の組織に頼らずに自身で問題解決を図ります。

チームの問題を全員で解決

アジャイル開発の特徴の1つは、要件定義から設計、プログラム（コード作成）、テストに至るまで、すべての工程を1つの開発チームが行うことです。メンバー全員がどの作業でもこなせることを目標に、全員で問題を解決する職能横断型のチームを作ります。プロジェクトの開始段階で作業に十分な知識やスキルを持っていないメンバーがいたとしても、他のメンバーと一緒に仕事をしながら必要な知識とスキルを身につけていきます。

● **アジャイル開発とウォーターフォール型開発の違い（各担当者の責任）**

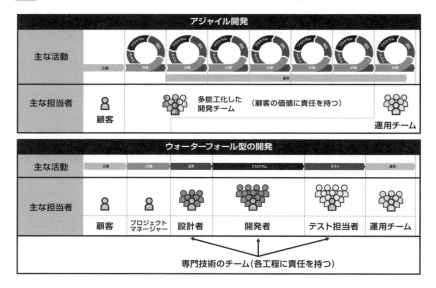

上図のウォーターフォール型の「主な担当者」の欄をご覧ください。設計者、開発者、テスト担当者はそれぞれが担当する開発工程に対する責任を持ちます。その開発工程におけるアウトプットがゴールになるため、成果を証明する文書を充実させるための努力はしますが、顧客に提供される価値に責任を持つことはありません。

アジャイル開発の場合、チームはソフトウェアが利用される場面にまで責任を持っています。結果として、サービスの品質管理を怠ることはありません。常に顧客からのフィードバックに耳を傾け、サービスの価値向上に汗を流すことになります。

5.8
アジャイル開発に見られる小ロット生産

アジャイル開発では、ソフトウェアの機能を小さく分割して少しずつ作りこむことで、サービスの価値をより早く顧客に提供することができます。市場や顧客を取り巻く環境の変化が速く、新たな技術が次々と生まれてくる現代においては、計画を柔軟に変更できる点も魅力です。

機能を小さく分割することによるメリット

巨大なソフトウェアを開発するためには時間がかかります。ウォーターフォール型開発の場合、顧客は長期間待たされて、最後にすべてが渡されます。その間に市場に変化がなければ問題がないのかもしれませんが、今の時代にそれを期待することはできません。アジャイル開発は、次の図の「顧客に提供される機能（価値）」の欄に示されているように、ソフトウェアの機能を小さく分割し、少しずつ作りこむことで、より早くサービスの価値を提供できます。

� アジャイル開発とウォーターフォール型開発の違い（価値の提供）

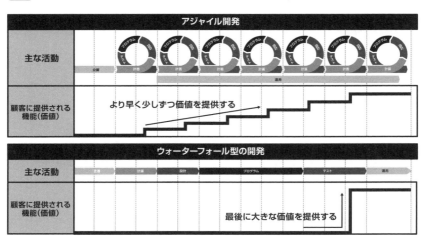

■■ 環境の変化に柔軟に対応できる

現代は、市場や顧客を取り巻く環境の変化が速く、新たな技術も次々と生まれています。環境の変化を正確に予測することは困難です。

アジャイル開発では、最初の計画段階で緻密な仕様を決める必要はありません。各開発サイクルの計画段階で顧客とコミュニケーションを図りながら、詳細な仕様や実装する機能の優先順位を検討するので、あらゆる変化に柔軟に対応できます。顧客からのフィードバックを反映させることができるので、顧客のニーズと成果物のギャップが放置されることはありません。その結果、顧客のニーズに最大限応える形になり、高い満足度を得ることができます。

■■ 計画の短縮も延長も簡単にできる

アジャイル開発の場合、計画を短縮することも延長することも、それほど難しくありません。市場のニーズが変わって、求められる機能が増減したとしても、アジャイル開発であれば開発サイクルの増減によって対応できます。

ウォーターフォール型の場合、最初にあらゆることを計画して、利害関係者の合意を得てから物事を進めているので、変更は生易しいことではありません。たとえ誤りに気づいたとしても、プロジェクトを中断できる人は限られており、しかも、かなりの勇気が必要です。プロジェクトが成功する可能性が低いにも関わらず、失敗が白日の下にさらされるまで開発者に過度な負荷を強いる、デスマーチ（死の行進）と呼ばれる状況に追い込まれることさえあるのです。

■■ 学びを活かすことができる

アジャイル開発では、決定を遅らせることで、それまでの経験を活かすことができます。詳細な開発計画は直前に立案するので、次の開発サイクルで何ができるかを予測することが容易になります。また、それまでの実績から開発のペースも分かるので、精度の高い開発計画を作ることができます。チームのスキルや知識が向上して開発のペースが速まることもありますが、その変化さえも計画に織り込むことができます。

5.9
アジャイル開発に見られる品質の作り込み 〜技術的負債の排除

　テストを十分に行わずに欠陥を含むソフトウェアをリリースすると、トラブルが発生し、そのトラブルに対処するために膨大なコストがかかることがあります。テストを十分にしなかったツケは、いずれは払わざるを得ません。このように、技術的課題を先送りしている状態を**技術的負債**を抱えていると表現します。

ソフトウェア開発中に品質を作り込む仕組み

　技術的負債という言葉を世に送り出したウォード・カニンガム氏は、リファクタリング（ソフトウェアのコードをきれいに書き換える作業）が借金の利子を支払っている行為に似ていることから、その重要性を説明するために金融に詳しい上司に対して、この比喩的表現を使ったと語っています。読みにくい雑なコードや欠陥のあるコードは、後でそのツケを払わされることになる技術的負債です。

　ITの世界では、ソフトウェアをリリースする際に時々トラブルが発生します。ソフトウェアのリリースにはさまざまなリスクがあり、その1つがソフトウェアの欠陥による本番への悪影響です。

　プロジェクトには期限があり、開発チームが品質に目をつぶって、運用チームにソフトウェアを引き渡すことも少なくありません。欠陥を抱えたまま投入されるサービスは、顧客のビジネスにダメージを与え、それをサポートするために膨大な費用や労力が費やされることになります。この原因を取り除くためには、期限に追われるタイミングで品質をコントロールするのではなく、ソフトウェア開発中に品質を作り込む仕組みが必要です。

　アジャイル開発の中でも、**エクストリームプログラミング**（eXtreme Programming：XP、以下、「XP」と記述）は、品質を作り込むという思想が最も反映されている開発手法の1つと言えます。XPには、テスト駆動開発（Test-Driven Development：TDD、以下、「TDD」と記述）やペアプログラミ

ングなど、技術的負債を排除する仕組みが組み込まれています。

　TDD は、最初にテストのためのコードを書いてから、実際のアプリケーションコードを記述する技法です。アプリケーションコードを完成させる過程でテストが繰り返し実施され、そのテストを通過するとアプリケーションコードを洗練するリファクタリングを行います。そして、この「テストコード作成」「アプリケーションコード作成」「リファクタリング」という３つの作業を繰り返しながら、少しずつ機能を増やしていきます。

　TDD の最大のメリットは、テストコードを何度も利用できるということです。また、テストコードを書くことでソフトウェアの仕様についての理解度が深まることを、メリットとして挙げる開発者もいます。

🔵 **テスト駆動開発（TDD）の開発サイクル**

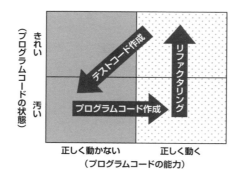

後で説明する継続的デリバリー（「5.12　継続的デリバリー」を参照）は、組織を日常的に進化させるために、頻繁にソフトウェアを更新します。頻繁に更新するということは、頻繁なテストが求められることを意味します。この時、テストコードが存在する TDD が強みを発揮することになります。TDD で開発されたアプリケーションコードはテストの自動化にすぐに対応できるからです。TDD だけがテストを自動化する手段ではありませんが、仮に、テストを自動化できなければ、そのことがソフトウェアの進化を妨げます。

　インターネットを検索すると、TDD については懐疑的な意見もあり、日本ではあまり普及していないように感じられます。ただ、フェイスブックやグーグルなどが採用していることから、頭から否定される手法ではないと思われま

す。おそらく、アプリケーションのコードを完成品として納品する日本のビジネスモデルではそのメリットを生かすことができず、毎日、コードを改変しリリースするような継続的デリバリーの環境において、はじめて効果を発揮できる手法なのかもしれません。

5.10
アジャイル開発に見られる品質の作り込み〜ポカヨケ

2人が1台のコンピューターを使ってプログラムを作成する**ペアプログラミング**は、一見すると2分の1の生産性しか得られない効率の悪い開発手法に思えます。実際には生産性が半分になることはなく、ソフトウェア品質を向上させ、知識やスキルを拡散し、チームワークを高める機会を与えてくれます。

ペアプログラミングのメリット

ポカヨケ（「3.7 品質を作り込む〜アンドンとポカヨケ」を参照）は、人的エラーを防止したり、早期に発見して警告を発したりする仕組みです。ペアプログラミングは、まさに、ソフトウェア開発におけるポカヨケですが、他にも数多くのメリットがあります。

開発に集中できる

1人でソフトウェアを開発している時のように、メールや電話で作業が中断したり、何かを調べているうちにインターネットサーフィンに誘惑されたりすることがありません。自分たちで設定した期限と実現すべき機能があり、それを仕上げなければ、ペアを組む相手に迷惑をかけることになるからです。

ナレッジやスキルが拡散する

開発サイクルごとにペアを組み替えることでさまざまな人と協働することになり、それまでに経験したことがなかった技術や考え方に遭遇する機会が増えます。未知の領域のことを本や講師から学ぶのではなく、実務を通して実践的

なスキルを効率的に習得できます。伝える側も、他の人に説明することで自分の理解を深めることができますし、会話の中から新たな学びを得ることもあります。訓練的側面もあり、新人や中途で採用した人材も実践を通して業務に慣れてもらうことができます。

■ 品質が向上する

1人がコードを書いている間、もう1人はそのコードをチェックします。確認するのはロジックだけではなく、コードの記述ルールも含まれます。品質検査とリファクタリングが並行して行われることから、2人で1つのものを開発するからといって、生産性が半分になることはありません。

■ 生活が単調にならず社会性が身につく

ソフトウェアの開発者は、ずっとパソコンに向かっていることも多く、相対的に他の人と交わることが少ない職種です。ペアプログラミングは会話をすることで成立し、その間はペアを組む人と濃密な時間を過ごすことになります。それが数週間にもなれば、そのことが逆にストレスにもなりますが、開発サイクルごとにペアを変えるなど、工夫をすることで徐々に仲間の輪が広がり、全体としてチームワークが生まれてきます。

■ 開発作業がオープンになる

1人のスーパーマンに仕事が集中することも、ナレッジやスキルが偏在することもなくなります。また、コードを共有するので、1人の開発者の都合に左右されることがなくなり、逆に休暇を取りやすくなります。

■ アジャイル開発の1つであるエクストリームプログラミング（XP）のイメージ

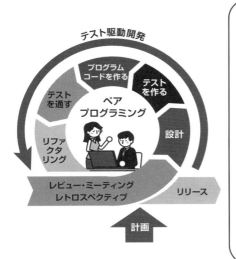

XPにおける開発作業の流れ

1. 計画
開発者が機能を見積もり、顧客が優先度を決める

2. 設計
顧客の受入条件に基づいて仕様を決める

3. テストを作る
テストコードを作成する

4. プログラムコードを作る
機能を実現するプログラムコードを作成する

5. テストを通す
論理的な観点でプログラムコードを完成させる

6. リファクタリング
維持管理のためにプログラムコードを整理する

7. レビュー・ミーティング
顧客に披露し、フィードバックを受ける

8. レトロスペクティブ（振り返り）
イテレーションから学び改善する

　TDDやペアプログラミングは、後工程に欠陥を渡さないというトヨタの哲学を思い起こさせます。工場のラインを止めることが後になって効果を発揮するように、技術的負債を最小限に抑えることを優先させる、一見、非効率に見える開発技法も、「急がば回れ」のことわざ通り、長期的には組織により大きな価値をもたらしてくれます。

5.11
DevOpsとは何か

DevOps は、開発（Development）と運用（Operations）の連携を強めることで、ソフトウェアをより早くより確実に供給するための技術と文化です。DevOpsにも、ムダを取り除き、品質を作り込むことで、より大きな価値をより早く提供するというリーン思考が組み込まれています。

開発チームと運用チームのミッションの違い

ITという同じ領域の技術者集団でありながら、開発チームと運用チームが対立することは少なくありません。この2つの組織を分断する根本的な原因は、それぞれに与えられたミッションの違いにあります。

より多くの機能をより早くユーザーに届けることが求められている開発チームは、サービスを頻繁に更新したいと考えています。一方、安定したサービスの提供を求められている運用チームは、現在の環境をできるだけ変更せず、維持していきたいと考えています。この2つ組織の不十分なコミュニケーションが、サービスの進化にブレーキをかけています。

DevOps は、このサイロ化した組織の壁を破壊するための手段です。DevOpsには、次の3つのテーマがあります。

①開発チームと運用チームの連携（本節で説明）
②開発したソフトウェアの自動的な展開（「5.12　継続的デリバリー」で説明）
③サービス運用で発生する情報に対する積極的な監視（「5.14　積極的な監視」で説明）

● DevOps を成功させるための 3 つのテーマ

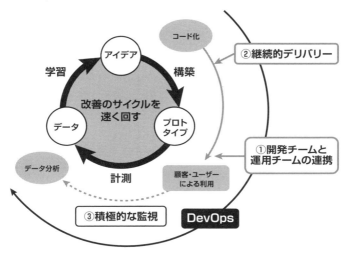

開発チームと運用チームの連携

　周囲の状況が頻繁に変化する中で、アジャイル開発がサービスの価値を少しずつ追加できるのであれば、リリースの方法も大きな変更から、小さな変更に移行する必要があります。なぜなら、リスクの小さな変更を数多く積み重ねることこそが、不確かな状況の中でもより早く顧客に価値を提供できるからです。

● サービスの進化とリスク評価の開発手法による違い

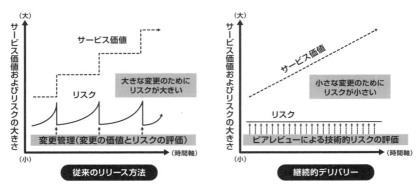

　技術的リスクの審査は、変更管理プロセスに代わって現場の仲間（ピア）が行います（ピアレビュー）。ピアレビューには、開発者がプログラムを登録したタイミングでバージョン管理システムが自動的に指定した技術者にレビューを依頼する方法や、前述したペアプログラミングなどの方法があります。

　また、リリース時に関係する技術者にあらかじめ通知し、たとえ不具合が発生したとしても、すぐに検出して元の状態に戻せるように体制を整えておく方法もあります。開発チームは、変更のリスクを管理するさまざまな取り組みを説明して、運用チームに理解してもらう必要があります。

　それでも、変更のリスクを開発チームだけでコントロールすることはできません。変更プロセスの透明性こそ両者の信頼関係を育み、リリースの速度を速めることにつながります。運用チームに正しい情報を適切なタイミングで伝えます。カンバンによって、ソフトウェアの開発状況をオープンにするのも1つの方法でしょう。

　他にも、ソフトウェアをリリースする際に、開発チームのスタッフが初期サポート要員として運用チームに参加したり、運用のスタッフが開発チームの会合（朝会、プランニング、レビューミーティング、振り返りなど）に積極的に参加して情報を共有したりすることが、両者の信頼関係を深めることにつながる可能性もあります。また、サービスによっては、開発と運用という機能別のチーム編成ではなく、サービスごとのチーム編成にすることが有効かもしれません。

　いずれにしても重要なのは、エンドツーエンドの価値の流れに注目して、サービスの価値をより早くより安全に顧客に届けることができるような組織に進化させることです。

5.12
継続的デリバリー

　アジャイル開発によって短期間に改善されていくアプリケーションを本番環境に展開するためには、アプリケーションを次々とリリースする仕組みが必要になります。構築やテストをツールに委ねることで自動化の範囲を広げ、リリースに至るまでの負担を減らします。

クラウドサービスの普及がもたらしたプロビジョニングの自動化

IaaS や PaaS といったクラウドサービスが普及するまでは、アプリケーションの稼働環境を準備するために膨大な時間が費やされました。まず、想定されるユーザー数やトランザクション量などからハードウェアの規模を予測し、メーカーに見積もりを要求します。見積もりを入手したら、次は予算の獲得です。あらかじめ予算を確保していたとしても、設置場所の確保、ハードウェアの受け入れや設置、ソフトウェアのインストールなど、数々の作業があり、とにかく時間がかかりました。

今では、クリック数回でアプリケーションの稼働環境を用意し、ソフトウェアを本番環境に投入できるようになりました。このようなアプリケーションを構築、テスト、展開するプロセスの自動化を**継続的デリバリー**と呼んでいます。

● 従来と現在のアプリケーションの展開方法の違い

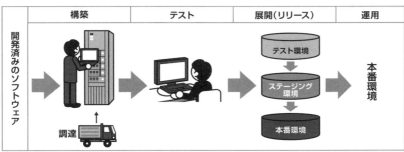

クラウド以前のプロビジョニング＋展開・リリース

IaCによるプロビジョニング＋展開・リリース

　マシンを調達して、アプリケーションの稼働環境を用意することを**プロビジョニング**と呼びます。このプロビジョニングの自動化は、**IaC**（Infrastructure as Code：コードとしてのインフラストラクチャー）と呼ばれる技術によって可能になりました。

　IaC は、システム構成や設定ファイルの情報をコードで記述する技術です。アプリケーションの実行環境を文書で管理できるようになり、仮想マシンを利用することでプロビジョニングの自動化が実現しました。つまり、開発したソフトウェアをコミット（登録）すると、自動的に仮想マシンを調達し、構築とテストが実施され、アプリケーションをテスト環境や本番環境に展開することが可能になったのです。

継続的インテグレーション／継続的デリバリー／継続的デプロイ

　継続的インテグレーション（Continuous Integration：CI、以下、「CI」と記述）は、ソースコードを登録すると自動的に構築とテストを実行する仕組みです。テストを自動化することで、コードに修正を加えてもテストの負荷は増えず、不具合を早期に発見し対処できます。それは、アプリケーション全体の開発スピードを速めるだけではなく、コードの品質を保証することにもなります。

　先に解説した継続的デリバリー（Continuous Delivery：CD、以下、「CD」と記述）は CI を拡張した概念で、テストを通過したモジュールを自動的にテスト環境や本番環境に展開するまでの作業の自動化が含まれています。一般には、アプリケーションを展開するまでの一連のプロセスの自動化を **CI/CD** と呼んでいます。本書では、バージョン管理から本番環境へ展開するまでの自動化を総称して、継続的デリバリーという言葉を使用します。

　継続的デプロイ（Continuous Deployment）は、ソフトウェア開発者のプログラムがテストを通過した場合に、承認手続きなしに本番環境に展開する手法です。継続的デプロイという表現は、承認してからリリースするというそれまでの方法と区別するために用いられるようになりました。

継続的インテグレーション／継続的デリバリー／継続的デプロイ

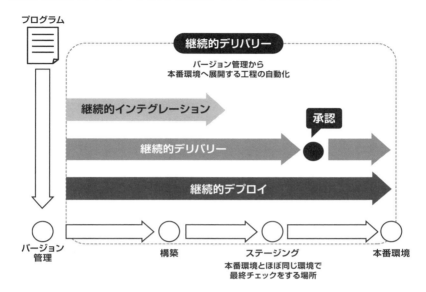

CI/CD ツール

　ソフトウェアのバージョン管理・構築・テスト・展開を支援する各種ツールを **CI/CD ツール**と呼んでいます。継続的デリバリーは数多くのソフトウェアによって支えられています。初期の DevOps では、この CI/CD 環境を整備するだけでも相当な時間、労力、高度な技術スキルが求められました。しかし現在では、その環境さえもクラウドで簡単に入手できるようになりました。

　ソフトウェアをリリースするまでの過程を工場に例えると、自分が担当しているパーツが完成したら登録して（⓪バージョン管理）、検査の対象となる部品になるまで組み立てたら（①構築）、その品質を検査します（②単体テスト）。すべての部品を組み立てて（③プロビジョン＆展開）、最終検査に合格したら（④受け入れテスト）、出荷します（⑤本番環境へ展開）。出荷後は関係者の間で情報を共有し（⑥コラボレーション）、顧客の声にも耳を傾けます（⑦監視）。

　先進の IT 企業では、この一連の作業がすでに自動化されており、自分が担当しているコードを登録すると、その変更がこの流れに乗って本番環境に反映されます。この自動化された一連の流れを**デプロイパイプライン**と呼んでいます。

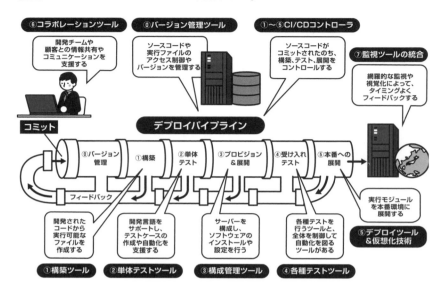

デプロイパイプラインとそれを実現する CI/CD ツール

「5.4　サービスリリースにおける制約」でも紹介した「Accelerate State of DevOps Report 2019」には、デプロイパイプラインの各工程を支えるツールの利用率と組織のパフォーマンスの関係が報告されています。

組織の IT パフォーマンスごとの CI/CD ツールの利用率（%）
（「Accelerate State of DevOps Report 2019」を元に筆者が作成）
https://services.google.com/fh/files/misc/state-of-devops-2019.pdf

ツールの種類	低い	中	高い	優秀
①自動の構築	64	81	91	92
②自動の単体テスト	57	66	84	87
③テスト環境への自動のプロビジョニングと展開	39	54	68	72
④自動の受け入れテスト	28	38	48	58
⑤本番環境への自動展開	17	38	60	69
⑥チャットボットと コラボレーションツールの統合	29	33	24	69
⑦本番環境の監視および観測ツールの統合	13	23	41	57

パフォーマンスの低い（変更のリードタイムが長い）組織は、単体テストまでの自動化をある程度行っているものの、下流工程になるほど高い組織との差が広がっています。ツールを使っているほうがリードタイムが短いことは当然

の結果とも言えますが、「5.4　サービスリリースにおける制約」で紹介したように、パフォーマンスの高い組織は変更失敗率が低いことにも注目すべきです。さらに、パフォーマンスの高い組織の展開頻度は高く、サービス回復時間は短いという結果が得られています。

IT 組織のパフォーマンスと展開頻度およびサービス回復時間の関係
（「Accelerate State of DevOps Report 2019」を元に筆者が作成）
https://services.google.com/fh/files/misc/state-of-devops-2019.pdf

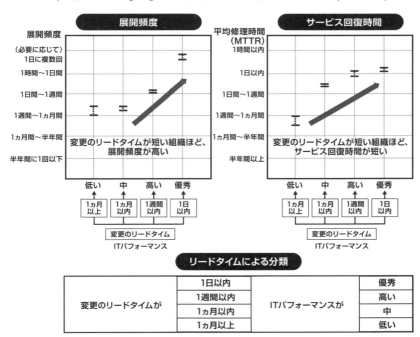

5.13
サイトリライアビリティエンジニアリング (SRE)

　グーグルは、**サイトリライアビリティエンジニアリング**（SRE：Site Reliability Engineering）によって、開発フェーズと運用フェーズのギャップを埋めています。SRE を行う**サイトリライアビリティエンジニア**（SRE：Site Reliability

Engineer、以下、「SRE エンジニア」と記述）は、ソフトウェア開発スキルを有しながら運用業務に携わる技術者で、障害を予測する洞察力と高度な問題解決能力が求められます。

運用業務の自動化による信頼性・運用性の向上

高い信頼性が求められるサービスは、運用に関する高度なスキルや経験が求められるので、運用チームに任せるというのがこれまで主流となってきた考え方でした。グーグルは SRE エンジニアという職種を作り、ソフトウェア開発スキルを持つ技術者に、高い信頼性が求められるサービスの運用を任せています。それは、ソフトウェアをリリースした後に、開発スキルを使って運用業務を自動化したほうが、サービスの信頼性や運用性を高めることができると考えているからです。

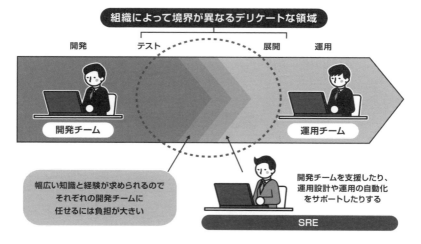

●●● **SRE エンジニアの役割**

アプリケーションを安定運用の軌道に乗せるまでには数多くの困難があり、幅広い知識とさまざまなスキルが求められます。その重要なノウハウを、すべての開発チームが習得し実践するのは容易なことではありません。グーグルはソフトウェアをスムーズにリリースするために、専門知識とスキルを持った SRE エンジニアという専門職を作り、開発チームにアドバイスしたり、参加したりする任務を与えたのでした。

従来の運用チームとの違いとエラー予算

　従来の運用チームと最も異なるのは、SRE エンジニアには開発スキルを用い
て運用を自動化する役割があるということです。つまり、運用が主たる任務で
はなく、リリースするアプリケーションに合わせて運用業務を最適化すること
が本来の任務なのです。この職種を広めたグーグルでは、SRE エンジニアが運
用業務に携わる時間を全体の 50% 以下に制限しています。また、コードを書く
スキルを活かすために残りの時間が使えるように、エラー予算という考え方を
取り入れています。

　通常、アプリケーションの品質が悪いと障害対応のための作業が増えて運用
チームを苦しめます。エラー予算は SRE エンジニアが欠陥に対処するための
費用に充てられます。しかし、開発チームがエラー予算を使い切ると、自分た
ちでサポートしなければならなくなります。この仕組みによって、SRE エン
ジニアはソフトウェアの欠陥によって発生するサポート業務を、アプリケー
ション開発チームに送り返すことができます。開発の際に生み出された欠陥、
すなわち技術的負債を返済する責任を開発チーム自身に負わせるのです。自分
たちで尻ぬぐいをしなければならない開発チームは、自然と質が高くて、手が
かからないシステムを構築するようになります。

● 開発チームと SRE エンジニアの関係

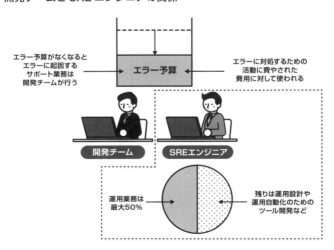

SRE による自動化の目的

　自動化はサービスの信頼性を高めるために行われます。つまり、運用の効率化やコスト削減のためではなく、人的ミスを排除し、復旧時間を短縮するためにツールが用いられます。

　このため、すべての SRE エンジニアには、複雑な問題でもどうにか解決しようとする信念と適性が求められています。すべてに「No」と答えるような消極的なエンジニアではなく、障害の可能性を正しく予測し、的確に対処できる能力が必要です。

　グーグルの場合、SRE エンジニアは重要なサービスにしか割り当てられません。しかも、新しいサービスは少なくとも 6 ヵ月間は開発チームが自身で管理しなければなりません。だからと言って開発チームが SRE エンジニアからのサポートが受けられないわけではありません。開発のどのフェーズにあったとしても、開発チームがサポートを依頼すれば、SRE エンジニアはボランティアでサポートしてくれるのだそうです。

5.14
積極的な監視

　保守のためではなく、成長のために監視します。利害関係者が、それぞれに関心のある情報をサービス運用から収集します。日常生活の場で誰もが目に付くモニターに表示することで、サービスのトレンドや改善機会により早く気づき、適切な判断や対策をタイミング良く行うことができます。

成長のための監視

　事業部門は、競争力を高めるために事業に関する情報を欲しています。インターネットの販売サイトであれば、何曜日のどの時間帯にどのくらいの注文がなされているかが分かるようになれば、モノの手配やスタッフのスケジュールなど、業務の最適化を図ることができます。サービスに障害が発生した場合には、それまでの実績からその時間帯に失われた経済的損失をすぐに算出することができます。

　開発チームは、デプロイパイプラインからの情報によって構築・テスト・展開のプロセスを改善することができます。CI/CD ツールの中でもよく知られている Jenkins の開発者、川口耕介氏はあるオンラインセミナーで、DevOps に成功している組織とそうでない組織の違いの1つは、データの活用にあると指摘しています。

　プロセスを自動化すると最終的な結果だけに目が行きがちですが、その過程ではさまざまな情報が生み出されており、成功している組織はそれらの情報を活かしてプロセスを改善したり、アプリケーションの不具合をいち早く検出しているのだそうです。多くの開発者は、展開までの過程で出力される膨大な量のメッセージを、あまりの多さに無視しています。しかし、ツールを使って特定の文字列が含まれるメッセージだけを抽出すれば、有用な情報を入手することができます。

　川口氏は今、コードを変更した際にアプリケーションのどの部分のテストを行うべきかを過去のデータと AI の技術を使って大幅に絞り込むという課題に取り組んでいます。仮に、テストの対象を 10 分の 1 に絞ることができれば、時間もコストもそれだけ節約できます。テストの効率化が実現すれば、それを利用する組織とそうでない組織の間にさらなる競争力の差が生まれてきます。

遠隔測定がもたらすサービスの透明性

　運用チームは、サービスの稼働状況やリソース使用状況など、技術的観点でしか監視を行ってきませんでした。サービス運用からの価値の流れを速くて太いものにするためには、あらゆる利害関係者が、それぞれが注目する情報に触れられるようにしなければなりません。サービスのあらゆる側面を網羅してデータを収集することで、組織を進化させることができます。

　アプリケーションの中身を知っている開発チームが、それぞれが欲する情報を出力するロジックを組み込めば、サービス運用からさまざまな情報を入手できるようになります。しかし、開発チームが本番環境に手を加えることは、重大な障害を引き起こす可能性があり、タブーとされています。

　『The DevOps ハンドブック 理論・原則・実践のすべて』（ジーン・キム、ジェズ・ハンブル、パトリック・ボア、ジョン・ウィリス［著］／長尾高弘［訳］／榊原彰［監修］／日経 BP ／ 2017 年）には、開発チームを含むあらゆる利害

関係者が、本番環境に直接触れることなく必要な情報を必要なタイミングで収集できる仕組みが、**遠隔測定**と称され紹介されています。遠隔測定は、本番環境で出力される情報をいつでも取り出せるように、**イベントルーター**と呼ばれる中継サーバーを使って情報の流れを制御する仕組みです。

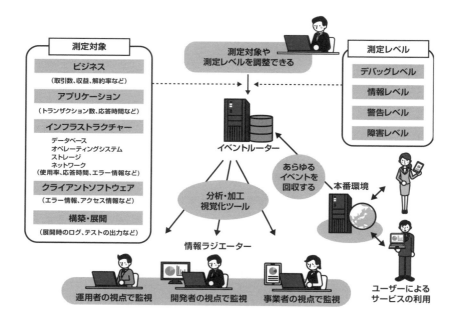

● **遠隔測定──必要な人が必要な情報にタイムリーにアクセスできる**

　まずは、アプリケーションのあらゆる機能に対するログ出力機能を、測定レベルを調整できる機能も含めて開発チームが追加します。そして、本番環境で生み出されるOSからアプリケーションまでのあらゆるレイヤーの情報をイベントルーターに送ります。また、アプリケーションの展開過程で生み出された情報もイベントルーターに蓄積します。そのイベントルーターには、必要な情報を必要な時に取り出せるよう、情報の流れを制御できる仕組みを組み込みます。

　監視者は、APIや構成ファイルなどを使って監視の対象や測定レベルを調整し、必要な情報だけを回収できるようにします。さらに、収集した遠隔測定データの中から、それぞれが注目する指標を抽出して分析する仕組みと、その結果を直感的に把握できるように加工して視覚的に表示する機能も組み込みます。

情報ラジエーター

　一目で最新情報を確認できるように、目立つ場所に設置する視覚的なディスプレイ（表示画面）を**情報ラジエーター**と呼んでいます。新型コロナの感染状況を知らせてくれる大阪の通天閣、大阪城、太陽の塔のライトアップもまた、情報ラジエーターです。それらが見える場所で生活している人たちは、自身で情報を求めなくても、普段の生活の中で自分たちの行動を決めるための目安を目にすることができます。

　遠隔測定によって、サービス運用から重要な指標を収集しても、参照するために手間がかかると利用されなくなります。それぞれが注目しているサービスの情報を、日常生活の場で触れられるように、誰もが目に付くモニターに表示します。すべてを明らかにすることで、サービスのトレンドや改善機会により早く気づき、適切な判断や対策をタイミング良く行うことができます。

5.15
アジャイル開発の実践
～メンロー・イノベーション社

　フラットでオープンな組織運営によって、「地球上で最も幸せな職場トップ10」に選ばれたメンロー・イノベーション社（以下、メンロー社）は、アジャイル開発の1つであるXPを採用しています。メンロー社はどのようにして、幸せな職場を実現したのでしょうか。

「地球上で最も幸せな職場トップ10」に選出

　デンマークのチーフハピネスオフィサー（CHO：Chief Happiness Officer）によって「地球上で最も幸せな職場トップ10」に選ばれた米国ミシガン州のメンロー社のCEOであるリチャード・シェリダン氏は、アジャイルソフトウェア開発宣言が出された2001年より前の1999年からXPに取り組んでいました。当時、勤務していたインターフェイス社が2001年にオフィスを閉鎖した際に仲間と共にメンロー社を立ち上げました。メンロー社は現在、ペアプログ

ラミングやテスト駆動開発（TDD）を用いて、顧客のアプリケーションを開発しています。

XP の特徴

XP によるソフトウェア開発の工程は、計画、開発、リリースという3つの段階で捉えることができます。

計画段階では、次の開発サイクル（イテレーション）で実装する機能を定義して作業を割り当てます。開発サイクルは1〜2週間程度で、計画通りに機能するソフトウェアを完成させます。リリース段階では、実現した機能を顧客に披露してフィードバックを受け、必要であれば完成した機能を本番環境にリリースします。各開発サイクルの終了時には、振り返り（レトロスペクティブ）によって学びを共有し、新たな開発サイクルに臨みます。

XP の開発サイクル

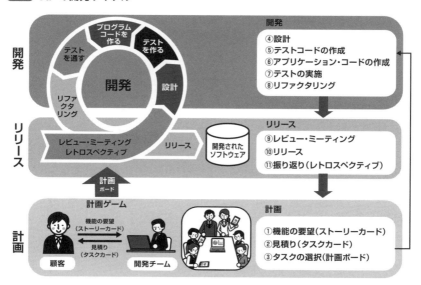

透明性から生まれる信頼感

メンロー社と他の会社との違いの中で最も注目すべき点は、組織運営の透明

性によって信頼を獲得していることです。それは、顧客との信頼関係だけでは
なく、従業員との信頼関係も含まれます。

■■ ①会社と顧客間の信頼関係

　顧客が開発会社に求めることは、支払いに応じて、必要な機能を必要なタイ
ミングで提供することです。XP は**計画ゲーム**という仕組みの中でこのニーズ
に応えています。

　顧客は、実現してほしい機能をストーリーカードに記し、開発会社はそのス
トーリーを実現するために必要な作業を見積もってタスクカードという形で顧
客に渡します。メンロー社の工夫は、タスクカードを仕事量と同じ大きさにす
ることです。次の開発サイクルで実装してほしいタスクカードを選別する計画
ボードは、その週に支払う金額と同じ大きさになっています。つまり、その計
画ボードに置くことができるタスクだけが実行されるのです。逆に言えば、顧
客は、その時に実装してほしいと考えている機能を自身で選択できます。

●●● 計画ゲームによる開発する機能の選択

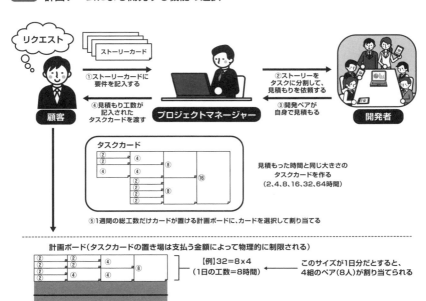

　開発サイクルの終わりには、ショウ＆テルと呼ばれるレビューミーティングがあり、開発メンバーが成果を顧客に披露して、フィードバックを受け取ります。他社との違いは、見積もりにギャップがあった時の対応です。見積もりは実際に開発を行う開発ペアが行っており、その開発ペアがギャップが生じた理由を説明しなければなりません。

　もし、誤った見積もりによって追加の費用が生じた場合には、その超過料金も顧客に請求します。XPに熟練したメンロー社の開発サイクルは1週間で、その都度請求するので、見積もりとのギャップがそれほど高額になることはありません。逆に時間に余裕があった時には、顧客が選んだ予備のタスクを実行します。この透明性が両者の間に信頼関係をもたらします。

　メンロー社を参観したある会社の役員が「見積もりミスによる追加の費用はメンロー社が負うべきではないか」と指摘しました。シェリダン氏は「その場合、開発会社はリスクをカバーするための費用を見積もりの中に紛れ込ませることになるだろう」という旨の答えをしました。つまり、見積もりミスに対処するための費用を組み込まざるを得ない仕組みは、見積もりの透明性を失わせ、信頼関係にヒビが入って全員が不幸になる、負のスパイラルの引き金になるのです。

■■■ ② 会社と従業員間の信頼関係

　メンロー社では、開発者全員が自分たちの作業を見積もるだけでなく、仕事の割り当てや進捗状況のすべてを全員が知ることができます。開発サイクルは1週間で、サイクルごとにペアプログラミングのパートナーが変わります。また、開発サイクルにおける成果には開発チーム全員が責任を持ち、遅れている開発ペアのタスクを他のペアが肩代わりすることでサポートします。

　プロジェクトマネージャーは、ストーリーカードをタスクカードに分割し、そのすべてのカードを開発ペアが見積もります。見積もりは2、4、8、16、32、64のいずれかの時間を選択します。全員が同じ場所で会話をしながら見積もるので、それぞれのタスクへのアプローチ方法や検討課題が他のメンバーにも伝わります。後に出てくる品質管理者もペアでこのイベントに参加しているので、どのような要件があり、それらの要件をどのように実現するかをその場で知ることができます。

　このオープンな会議によって、プロジェクトに参加する全員がそれぞれの開発ペアの作業内容を知ることになり、後で他のペアを支援する場合にもスムー

ズに引き継げます。

　プロジェクトマネージャーは、顧客が選択したカードを各開発ペアに割り当て、すべての人が見える場所に張り出します。次の図は、その役割を果たす「作業承認ボード」と呼ばれるカンバンです。

作業承認ボード

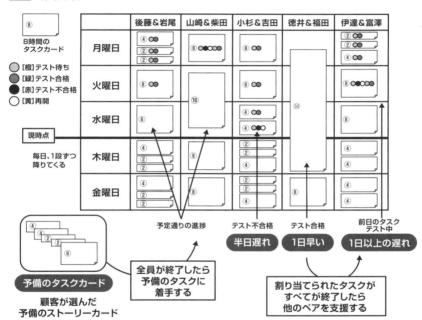

　割り当てられるタスクカードは1週間分、日付と開発ペアのマトリックスで張り出されるので、各カードが何時間で見積もられているか、どのペアにどの作業を割り当てられたかが一目で分かります。この作業承認ボードは公の場所に設置されており、社外からの訪問客でさえプロジェクトの進捗がすぐに分かります。

　開発が終わると、検査待ちを意味するオレンジ（橙）色のドットマークが付けられ、品質ペアが確認します。合格すれば緑、不合格であれば赤のドットマークが付けられます。不合格になったペアは内容を確認して黄のドットマークを貼り、開発作業に戻ります。また、現時点を示す糸がその日のところに横断的に張られており、その糸より下まで作業が進んでいれば予定より早く、上であ

れば予定より遅いことが分かります。

　進んでいるペアは、遅れているペアを支援します。図の例の場合、もし「徳井＆福田」ペアに割り当てられたすべてのタスクが終了したら、「伊達＆富澤」ペアのタスクを引き取って作業します。これらの仕組みにも、個人の功績よりもチームワークを大切にするリーンの思想が息づいています。また、全員の作業が済んでしまった場合、顧客が選んだ先行着手しても良い予備のストーリーカードのうち、優先順位の高いものから順に着手します。

　補足になりますが、メンロー社の報酬システムはシンプルかつオープンであり、誰の給与でもその額がすぐに分かるそうです。組織運営の透明性で築き上げた信頼関係によって、従業員が楽しみながら仕事をしていることに、世界中から訪れる訪問客が賞賛しています。

第5章のまとめ

アジャイル開発と DevOps は IT 業務のリーン化である

　近年、ソフトウェアの進化のスピードが一段と速くなりました。それには、少人数のチームが2週間程度の開発サイクルでソフトウェアに付加価値を追加していくアジャイル開発と、アプリケーション開発とサービス運用を連携させ、サービス変更のリードタイムを短縮させる DevOps が深く関わっています。

━━ IT 業務のリーン化（アジャイル開発と DevOps）

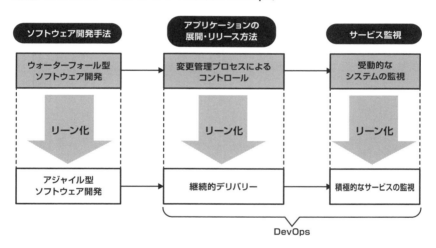

　DevOps はさらに、サービス運用から重要な情報を適切な人に伝えることで、組織が的確な判断をタイミング良くできるように支援します。これらの変革は徹底的にムダを取り除いて、創造する価値を最大化する IT 業務のリーン化と捉えることができます。

IT 業務をリーン化することで企業はすばやく進化できる

　次ページのグラフは、その変革をいち早く実践した企業の1つであるフェイスブックのユーザー数、売上高、営業利益の推移です。

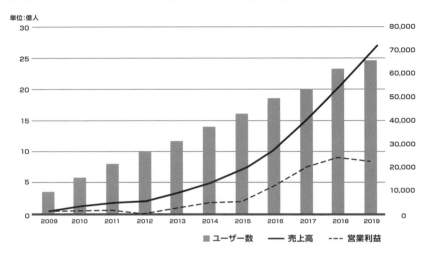

フェイスブックのユーザー数、売上高、営業利益の推移

単位：億人

凡例: ■ ユーザー数　━ 売上高　--- 営業利益

　フェイスブックは2009年から2019年までの10年間に、売上高も営業利益も90倍以上に増やしました。また、過去1ヵ月に何らかのアクセスを行ったアクティブユーザー数も、2020年には30億アカウントを超えたそうです。DevOpsを実現した組織は、毎日複数回のリリースを行っていますが、ほとんどの人はそのことに気がつきません。しかし、その組織は少しずつ成長し、いつの間にか市場における圧倒的な競争優位性を獲得することになります。

　デジタルデバイドという言葉が使われるようになった時、当時は地域や個人間の情報格差を意味していました。しかし、今では企業間におけるデジタルデバイドが始まっています。現在の技術に追いつくことを目指していると、追いついた時には時代はさらに先を行っています。私たちは常の時代の変化に注意を払いながら、着実に前進する必要があります。

第6章
進化する IT の世界

ITの世界の進化は速く、10年もするとその景色は一変します。総務省の統計によると、現在、多くの人が持っているスマートフォンの2010年の普及率は9.7%、つまり、10人に1人しか所有していませんでした。それぞれの技術の進化が速いだけでなく、新たな技術が次から次へと生まれてきます。その一方で、淘汰されていく技術もあり、採用するにしても危うさがあります。この章では、先進企業が取り入れてある程度の実績がある技術、また、有望視されている技術の一部を紹介します。

6.1
ITの最新動向

日本情報システム・ユーザー協会（Japan Users Association of Information Systems：JUAS、以下、「JUAS」と記述）が毎年行っているアンケート調査の結果とそれに対する考察が掲載された『企業IT動向調査報告書』から、日本におけるITの動向を読み取っていきます。

新技術への企業の取り組みと導入状況

JUASは、毎年、ユーザー企業に対してアンケート調査を行い、その分析結果を『企業IT動向調査報告書』として公表しています。

次ページの図は、2019年秋の調査から得られた分析結果の1つで、新規テクノロジーに対する各企業の取り組み状況をグラフで表しています。選抜されているテクノロジーは、JUASが2019年に注目していた上位26で、毎年入れ替わります。縦軸はその新規テクノロジーの導入率で上にあるほど導入実績が高く、横軸は重要視している企業の割合で、右にあるほどそのテクノロジーを最も重要と見なしている企業が多いことを表しています。

たとえば、右上のパブリッククラウド（SaaS）は、約60%の企業が導入しており、全体の約8%の企業が最も重要なテクノロジーであると認識していることを表しています。

■■■■ **重視されるテクノロジーと導入済みのテクノロジーとの相関**
（『企業 IT 動向調査報告書 2020』（日本情報システム・ユーザー協会）を参考にして
筆者が作成）
https://juas.or.jp/library/research_rpt/it_trend/

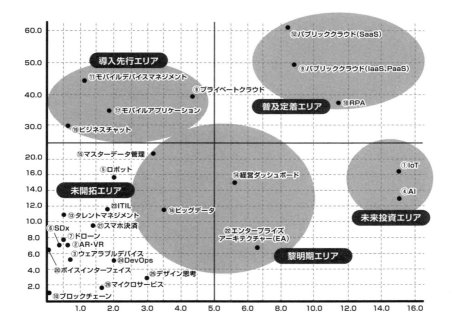

　グラフからは、クラウドサービスが重要視され、導入が進んでいる一方、本
書で取り上げてきた他の技術の展開はまだこれからということが分かります。
その中でも、IoT や AI は重要と見なされているので、時間の経過とともに導
入する企業が増えていくことが予想されますが、DevOps やマイクロサービス
への関心はそれほど高くありません。一般のユーザー企業と、最先端の IT 企
業を比較するのは多少無理があるのかもしれませんが、企業の進化を促進する
テクノロジーへの関心の低さが少し気がかりです。

　他方、機械的な定型業務の自動化を支援する RPA（Robotic Process Automation）
は 2019 年度、最も伸び率の高かった技術です。他に、ビッグデータ、経営ダッ
シュボード、エンタープライズ・アーキテクチャーなどのテクノロジーも注目
されつつあります。

　197 ページの表は、業種ごとの新規テクノロジーの導入状況です。業種によっ

て、注目する技術にかなりのばらつきがあります。業種ごとの導入率にそれほど偏りがないテクノロジーに注目すると、先ほどと同様の傾向が見て取れます。クラウドサービスは、そのタイプに関わらず、幅広く普及していることが分かります。また、モバイルアプリケーションとモバイルデバイスの管理技術、ビジネスチャットなども高いレベルで導入されており、モバイルデバイスが事業活動を支える不可欠なツールになりつつあることを感じさせます。

　一方、DevOps、デザイン思考、マイクロサービスなどのテクノロジーに関しては、どの業種においてもほとんど採用されていません。

　新たなテクノロジーを積極的に導入している業種として、金融と社会インフラが目立ちますが、売上高1兆円以上の大企業が多く、先行投資ができる体力があるためとJUASでは分析しています。たしかに、AIやボイスインターフェースなど、先進のテクノロジーでも他業種より一歩先んじている様子が見て取れます。

　また、工場を抱える素材製造や機械器具製造などの業種においてIoTの導入率が高いのは、工場内のあらゆる機器をインターネットに接続して、すべての生産工程を数値で管理するスマートファクトリーへの移行を感じ取ることができます。一方、屋外での業務が多い建築・土木や社会インフラでは、ドローン、AR（拡張現実）・VR（仮想現実）の導入率が他の業種を大きく引き離しています。屋外での保守点検業務が多い社会インフラ業でウェアラブルデバイスの導入率が高いのは、作業員が現場でIT機器を利用するケースが増えているからでしょう。

業種グループ別「導入済み」の割合
(『企業IT動向調査報告書2020』(日本情報システム・ユーザー協会)を参考にして筆者が作成)
https://juas.or.jp/library/research_rpt/it_trend/

	建築・土木	素材製造	機械器具製造	商社・流通	金融	社会インフラ	サービス
①IoT	14.3	22.0	25.4	5.3	9.1	21.5	9.5
②AR(拡張現実)・VR(仮想現実)	15.7	2.8	7.1	2.4	0.0	15.2	10.5
③ウェアラブルデバイス	7.1	3.4	6.3	2.4	9.1	15.2	4.5
④AI	7.1	13.6	12.9	5.3	27.3	16.5	14.5
⑤ロボット	12.9	19.8	23.7	7.1	22.7	13.9	10.5
⑥SDx(SDN,SDSなど)	4.3	8.5	10.7	2.9	4.5	15.2	3.5
⑦ドローン	30.0	6.2	3.1	2.9	2.3	21.5	6.0
⑧プライベートクラウド	32.9	41.8	42.0	35.3	47.7	43.0	39.5
⑨パブリッククラウド(IaaS,PaaS)	47.1	46.3	48.2	45.9	54.5	53.2	54.0
⑩ブロックチェーン	4.3	1.1	0.4	0.0	2.3	0.0	1.5
⑪モバイルデバイスマネジメント	60.0	43.5	44.6	37.6	45.5	51.9	40.0
⑫パブリック・クラウド(SaaS)	61.4	57.1	61.6	57.6	59.1	62.0	64.5
⑬タレントマネジメント	7.1	9.6	12.9	8.2	9.1	12.7	12.0
⑭経営ダッシュボード	10.0	16.9	18.3	12.9	4.5	15.2	12.5
⑮マスターデータ管理	20.0	26.0	20.5	24.1	18.2	22.8	16.5
⑯ビッグデータ	5.7	9.6	13.8	10.6	6.8	20.3	11.5
⑰モバイルアプリケーション	50.0	32.8	29.0	30.0	59.1	45.6	35.0
⑱RPA	30.0	41.8	40.2	29.4	61.4	48.1	34.0
⑲ビジネスチャット	34.3	24.9	29.5	28.2	20.5	30.4	36.5
⑳ボイスインターフェイス	5.7	1.1	7.6	3.5	13.6	13.9	7.0
㉑スマホ決済	7.1	1.7	3.1	14.7	29.5	16.5	8.0
㉒エンタープライズアーキテクチャー(EA)	7.1	6.2	5.8	5.9	22.7	7.6	4.5
㉓ITIL	8.6	11.9	13.4	7.1	20.5	16.5	10.0
㉔DevOps	5.7	1.7	6.3	2.9	9.1	7.6	8.0
㉕デザイン思考	1.4	0.6	4.9	1.8	2.3	8.9	2.0
㉖マイクロサービス	4.3	0.0	2.2	1.2	0.0	3.8	2.5

項目の中で1位の業種 　　項目の中で2位の業種

いくつかのテクノロジーは、読者が耳にしたこともないような技術かもしれません。各技術の説明は、「企業IT動向調査報告書」に記されている内容を参考に付録3にまとめたので、そちらを参照してください。

6.2
API連携

API連携は、アプリケーションがネットワークを通じて直接、情報をやり取りする手段です。旅行の予約サイトなど、さまざまな組織がお互いの機能や情報を活用して、新たなサービスを効率的に創造する原動力となっています。

すでに身近な存在となった API 連携

APIは、アプリケーションプログラミングインターフェース（Application Programming Interface）の略であり、あるソフトウェアが別のソフトウェアに処理を要求する際に使用する呼び出し規則です。元々は開発者同士で協働するための約束事でしたが、ネットワークが発達したことでマシン間のやり取りに発展し、インターネットの普及により、それぞれの組織が開発した機能や情報をインターネット経由で利用するまでなりました。このAPIを通じた機能や情報のやり取りをAPI連携と呼んでいます。

API連携は私たちにとって身近な存在となりました。あなたがもし、旅行に行くとしたらどうするでしょうか。昔は旅行代理店に出向くことが一般的でしたが、今は旅行サイトにアクセスして、自身で航空機や宿泊の予約をする人も多いのではないでしょうか。API連携は、旅行代理店が行っている情報収集や予約のやり取りをネットワーク経由で一瞬のうちに処理することを可能にしたのです。

予約サイトは API 連携で成り立っている

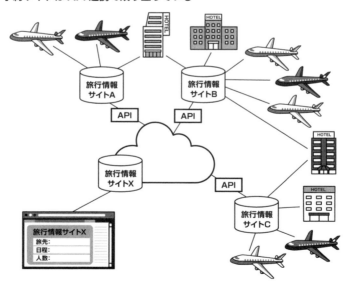

一般に、APIは非公開にして限定された組織間で運用するケースと、広く公開して相互利用を図るケースがあります。GAFAをはじめとするインター

ネットのプロバイダーはその一部を公開し、利用する側と利用される側の双方がその恩恵を享受できる仕組みを提供しています。たとえば、「Google Map API」を使用すれば、自身が運営するサイトに簡単に地図を表示できますし、グーグルにとっては、ユーザーを自社のサイトに呼び込む手段になります。

● Google Map API

ちなみに、「1.2　人工知能とは」で紹介した翻訳エンジンも API が公開されており、アプリケーションから翻訳機能を利用して、新たなサービスを提供することもできます。世の中にどのような API が存在するのか、普通の人には分かりにくいものですが、日本にも API を紹介する会社が存在しているようです。

- API バンク（データテック株式会社）
  https://www.apibank.jp/

6.3
マイクロサービスアーキテクチャー

マイクロサービスアーキテクチャーは、小型で独立性の高い複数のサービスを API で連携させ、全体のサービスを構成するテクノロジーです。個々のサービスがシンプルになり少人数でも開発が容易になるだけでなく、サービスの保守性、対障害弾力性、拡張性を高めることができます。

マイクロサービスによるさまざまなメリット

マイクロサービスと対比されるモノリス（Monolith）とは一枚岩のことです。モ

ノリス型のサービスとマイクロサービスを世の中の仕組みにたとえると、百貨店と商店街の違いに似ています。

　百貨店の場合、ビル一棟分の店舗の準備が整わないと開業することができません。しかも、それぞれの店舗の営業時間を一致させなければ格好がつきません。商店街の場合、八百屋と魚屋と肉屋しかなくても不思議ではありません。また、市場のニーズに合わせて理髪店、定食屋、居酒屋といったように徐々に拡大していくことができ、物理的な限界もありません。しかも、ある店が閉まっていたとしても、全体としてはそれほど気になりません。

　従来のアプリケーションはモノリス型であり、すべてのプログラムを統合し、一括してテストしなければなりませんでした。マイクロサービスアーキテクチャーを採用すれば、1つひとつのサービスは小さくてシンプルになり、少人数のチームで開発することが容易になります。マイクロサービスは独立性が高く、機能によっては単体テストだけでリリースすることが可能になり、アジャイル開発やDevOpsのように少しずつ価値を追加していくアプローチをアーキテクチャーの面から支えています。

● モノリス型のサービスとマイクロサービス

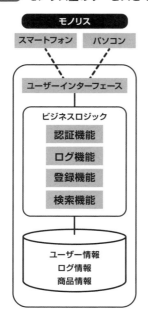
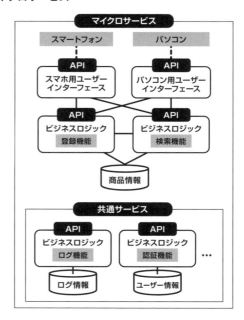

　前ページの図で比較すると、「商品登録」「商品検索」「ユーザー認証」「処理の記録（ログ）」という4つの機能を持つサービスを実現する際に、従来のモノリス型では、左の図のように機能ごとにモジュール化することはあっても、1つの大きなアプリケーションとして設計し、開発していました。最も厄介なのはテストで、1つのモジュールに修正を加えると、すべてを統合して最終テストをやり直さなければなりませんでした。

　マイクロサービスの場合、それぞれの機能を別々に開発、構築、テスト、展開できます。また、一部のサービスが利用できなくても、他への影響を最小限に止めることができます。たとえば、先の右の図のサービスにおいて、商品の登録機能にトラブルが発生しても、検索機能に影響が及ぶことはなく、それまでと同じように利用できます。つまり、疎結合であるがゆえに、他のマイクロサービスの障害を受け流すことができるのです。

　マイクロサービスを採用して急成長した代表的企業がアマゾンです。アマゾンの創業者であるジェフ・ベゾス氏は、「社内のすべてのチームは2枚のピザを食べるのにピッタリのサイズでなければいけない」と宣言し、開発チームをコンパクトにして、ソフトウェア開発の効率性を追求しました。少人数のチームは、コミュニケーションも取りやすく、メンバー間で信頼関係を深めることができます。開発に関する多くの権限が与えられている一方で、少人数であるがゆえに一度に実施できる変更の規模も限られており、リリース時のリスクも相対的に小さくなります。

6.4
コンテナ化

　コンテナ化の技術により、アプリケーションの可搬性は飛躍的に高まりました。必要となるコンピューター資源も少なくなり、サービス提供者は、サービスのプラットフォームをより柔軟に調達できるようになります。

コンテナ化によって何が変わったのか

　2020年現在、世界最大級のコンテナ船は長さおよそ400メートルで、2万個以

上のコンテナを搭載できるそうです。何かを運ぶ際に利用されるコンテナは、決められた形状をしていて、船、トラック、鉄道、航空機など、それぞれの輸送機器に簡単に載せ替えて運ぶことができます。ソフトウェアのコンテナ化も、アプリケーションを他のプラットフォームに簡単に運ぶための手段となります。

　アプリケーションのコンテナ化を実現するソフトウェアとして最も普及しているDockerは、コンテナ船のような青いクジラにコンテナを搭載しているロゴで知られています。ちなみに、次節で紹介するコンテナ化されたアプリケーションの面倒を見るソフトウェア（オーケストレーター）として最も有名なKubernetes（クーベネティス、「6.5　コンテナオーケストレーション」を参照）は、ギリシャ語で操舵手（船を操縦する人）を意味し、そのロゴは船の舵（かじ）をイメージさせるものになっています。

　コンテナ化は、アプリケーションの実行環境をまとめてコンパクトに詰め込む技術で、次のような2つの大きなメリットがあります。

- 同じ環境を繰り返し作ることができる
- 必要となるコンピューター資源が少ない

同じ環境を繰り返し作ることができる

　「5.12　継続的デリバリー」で紹介したIaCのテクノロジーを使用しており、インストールするソフトウェアのバージョンや実行環境をコードで指示することで、誰もが何度でも同じ環境を構築することができます。アプリケーションの環境を配布することが容易になり、バージョンの違い、説明不足や操作ミスなど、人的要因によるサービス構築の失敗から逃れることができます。さらにCI/CDツールと連携させれば、アプリケーションの構築から展開までを自動化することができます。

必要となるコンピューター資源が少ない

　コンテナ化との比較で取り上げられるのは、仮想マシンの技術です。仮想マシンは、ハードウェアの動きをソフトウェアでエミュレートすることで、コンピューターの動きを模倣する技術です。指定したハードウェア仕様で、指定したソフト

ウェア環境を柔軟かつ迅速に構築することができます。クラウドサービスが今日のように普及した背景には、この仮想マシンの技術が重要な役割を果たしました。

　仮想マシンでも、複数のアプリケーションを稼働させることはできますが、アプリケーションの下位のソフトウェア環境が異なると別の仮想マシンを用意する必要が出てきます。コンテナ化されたアプリケーションは、たとえ、下位のソフトウェアのバージョンなどの条件が異なっていても、そのアプリケーションのためだけの環境を用意できるので、別の仮想マシンを調達する必要はありません。結果として、より少ないコンピューター資源で、アプリケーションを展開することができます。

⬤ 仮想マシンとコンテナ化

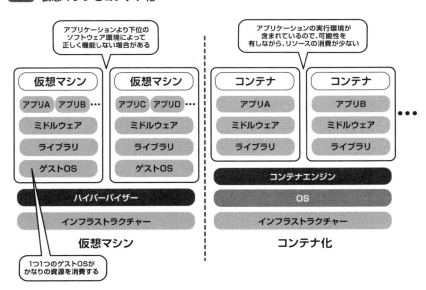

　この2つのテクノロジーの違いは、人の移動に乗用車を複数台利用するか、バス1台を利用するかに似ています。一人ひとり（アプリケーション）が贅沢を言うと、それだけ乗用車が必要になりムダな資源が消費されてしまいます。全員（コンテナ化されたアプリケーション）が1台のバスに収まれば、効率良く移動することができます。

6.5
コンテナオーケストレーション

アプリケーションをコンテナ化することで稼働環境に関する自由度は増しますが、そのことがかえって管理を難しくしてしまいます。**コンテナオーケストレーション**とは、コンテナを編成し配置することです。管理者の指示に従って、自動的にコンテナの編成と配置を行うソフトウェアをコンテナオーケストレーターと呼んでいます。

コンテナオーケストレーターの役割

コンテナ化されたアプリケーションを効率良く機能させるために、統合的に管理するためのコンテナオーケストレーターと呼ばれるソフトウェアが生まれてきました。

コンテナオーケストレーションは、音楽のオーケストラを思い浮かべると分かりやすいかもしれません。さまざまな種類の楽器を集めてハーモニーを奏でるオーケストラは、楽器の編成と配置がとても重要なのだそうです。コンテナオーケストレーターは、アプリケーションのコンテナの編成と配置をコントロールします。最大の違いは、オーケストラの場合、ハーモニーは指揮者をはじめ多くの人的要因によって左右されるため、まったく同じものを再現することはほとんど不可能ですが、コンテナオーケストレーターは、さまざまな環境の変化に対する対処方針をあらかじめ文書化しているので、機械的にまったく同じ状態を作り出せるという点です。

この領域で現在、最も普及しているKubernetesは、ポッド（「豆のさや」という意味）単位でコンテナの監視とコントロールを行います。ポッドと名付けられたのは、コンテナとポッドの関係が豆とさやの関係に似ているためで、コンテナが開発者にとっての管理単位であるならば、ポッドは運用者のための管理単位になります。今までOSが1つのマシンの中で行っていたプログラムの実行制御やリソース管理と同等の機能を、Kubernetesは複数のマシン、場合によってはクラウドの枠を超えて提供します。

Kubernetes が提供するオーケストレーションシステム

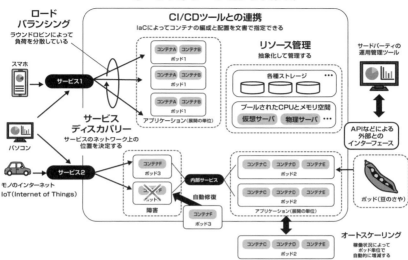

Kubernetes の主な機能として次を挙げることができます。

継続的デリバリー

他の CI/CD ツールと連携することで、コードによる指示のみでアプリケーションを自動的に展開できます。

スケジューリング

バッチ処理も含め、アプリケーションの起動や終了をコードで指示できます。

リソース管理

リソースの使用状況に応じて自動的にポッド数を増減できます（オートスケーリング）。また、コンピューター資源を抽象化して管理することで、ストレージやネットワークを物理的特性から解放します。

アクセスポイントの提供

クラスター（ポッドの集合体）が実現する機能のネットワーク上の位置を定

義し、サービスとして提供します（サービスディスカバリー［サービス検出／発見］）。サービスへのアクセスを複数のポッドに分散することで、ロードバランシングの機能も提供できます。

■■ 監視とコントロール

コンテナの稼働状況を監視、コントロールする機能があり、プラットフォーやコンテナに障害が発生した際に自動的に回復させることができます（自己修復［セルフヒーリング］）。

■■ 外部インターフェース

相互運用のためのインターフェースを提供しており、運用管理ツールが API 連携を用いて Kubernetes の環境を監視したり、コントロールしたりできます。

■■ 相互運用性

Kubernetes は元々グーグルで開発されたコンテナオーケストレーターでしたが、2014 年、ソースコードが公開され、翌年、標準化団体である Cloud Native Computing Foundation（CNCF）に開発が移管されました。CNCF は、コンテナ間で通信するための標準規格として CNI（Container Network Interface）を提唱し、Docker や Kubernetes のような固有のソフトウェアに依存しない相互運用性を推進しています。さらに、ネットワークやストレージなどのサービスとの連携も保証するため、CNI や CSI（Container Storage Interface）といったインターフェースの標準仕様を定義しています。Kubernetes もまた、これらのインターフェースを使って、さまざまなネットワークサービスやストレージサービスにアクセスできます。

最近ではアマゾン（AWS）やマイクロソフト（Azure）などの大手クラウドベンダーも、次世代のアプリケーションプラットフォームとして、Kubernetes の環境をクラウドサービスのメニューの 1 つに加えました。主要なクラウドベンダーが Kubernetes をサポートするようになったことで、複数のクラウドで構成される広大な環境を、あたかも 1 つのプラットフォームとして扱うことができるようになりました。

　さらに、機械学習基盤を提供する「Kubeflow」や、サーバーレス基盤（サーバーを借りることなくアプリケーションを稼働させる環境）を提供する「Knative」など、Kubernetes の環境下で稼働するさまざまな OSS（オープンソースソフトウェア）が登場し、Kubernetes を中心とするエコシステムが徐々に拡大しています。

6.6
マルチクラウドの時代

　クラウドサービスが普及するにつれて、さまざまなタイプのクラウド環境を併用する企業が出てきました。こうした状況を踏まえ、マルチクラウドの環境を監視したり、コンテナ化されたアプリケーションをクラウドの枠を超えて監視、コントロールする運用管理ソフトウェアも登場しています。

クラウドサービスの普及による新たな問題

　クラウドサービスが普及するにつれて、アプリケーションをどのような環境で稼働させるべきかという、別の問題に悩まされるようになりました。アプリケーションの稼働環境は、次の3つに大きく分けることができます。

■ オンプレミス
　premise には「構内」という意味があり、**オンプレミス（on-premise）」**は、コンピューター資源を使用者が管理する施設の構内に設置する方法です。つまり、以前は当然であった自社のマシンルームなどにコンピューターを設置して運用する形態のことであり、クラウド環境と区別するためにオンプレミスという言葉が使われるようになりました。

■ プライベートクラウド
　プライベートクラウドは自社専用のクラウド環境を指し、オンプレミス型とホスティング型の2種類があります。オンプレミス型は、自社内に仮想マシンのサーバーを用意して自社で運用します。ホスティング型は、専用業者がクラ

ウド環境を用意して運用しますが、VPN（バーチャルプライベートネットワーク）
や専用回線などを利用して、一般のインターネット環境から分離する形態です。

■ パブリッククラウド

　専用業者が一般のインターネット環境を利用して提供するクラウド環境で
す。

● コンピューター資源の利用形態

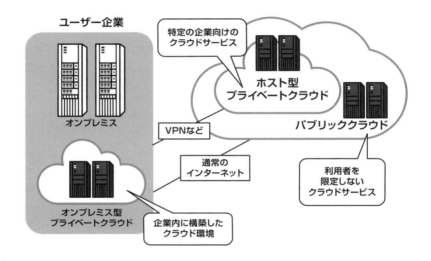

ハイブリッドクラウド／マルチクラウド

　アマゾンなどのクラウドベンダーは他社との差別化を図るために、AI、
ビッグデータ、IoT などのデジタル技術を容易に利用するためのツールや、
DevOps を実現するためのアプリケーション開発環境など、独自のサービスを
展開しています。

　その一方で、ベンダーロックインを避けながら、それぞれのクラウドサービ
スのメリットを活用しようとするユーザー企業も増えてきました。オンプレミ
スとパブリッククラウド環境を共存させる**ハイブリッドクラウド**環境を利用し

ている企業が日本でも徐々に増えてきましたが、複数ベンダーのクラウドサービスを利用する**マルチクラウド**環境への移行も進んでいます。

　日本航空（JAL）は「空」を意味する「CIEL（シエル）」と呼ぶ自社の情報基盤を、いくつかのクラウドサービスを組み合わせて構築していることを公表しています。トヨタは「つながる車」を実現するための情報基盤として、AWS を採用すると発表しました。トヨタはマイクロソフトとの関係が深く、クラウドサービスもマイクロソフトの Azure が中心的存在でした。そんなトヨタもまた、適材適所でクラウドサービスを使い分ける、マルチクラウドの方向に向かっているようです。

━━━ ハイブリッドクラウド環境とマルチクラウド環境が混在する世界

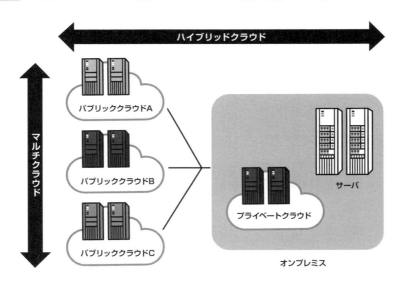

マルチクラウド時代の運用管理ツール

　日本より早くクラウドが普及した米国では、すでにマルチクラウドが現実のものとなり、多くの運用管理ツールが市場に出回っています。一般的な**マルチクラウド管理ツール**は、管理下にあるすべてのクラウド環境を俯瞰的に捉えられるように、現在の稼働状況をグラフを使って視覚的に表示することができま

す。リソース、コスト、パフォーマンスなど、さまざまな切り口でプラットフォームの状態をリアルタイムに提供することで、運用チームの監視とコントロールの業務を支援してくれます。

また、別の運用上の課題として、Kubernetes の配下にあるアプリケーションの拡張性や回復力は運用管理者自身で実現しなければならないことが指摘されています。そのため、API 連携を用いて Kubernetes の管理下にあるアプリケーションを監視、コントロールする **Kubernetes 管理ツール**が続々と誕生しています。それらのツールは、コンテナ化されたアプリケーションをクラウドの枠を超えて展開、監視、コントロールする機能を提供しています。

これらの運用管理ツールを利用することで、コンピューターの物理的制約を意識する必要がなくなりつつあります。マルチクラウド管理ツールとKubernetes 管理ツールの境界もそのうちになくなるのかもしれません。現時点では、まだ実績の少ないこれらのテクノロジーも、10 年も経たないうちに一般の企業が利用する技術になるでしょう。好きな時、好きな場所にあるコンピューター資源をダイナミックに選択しながら稼働するアプリケーションのサービスを、利用できる世界がすぐそこまで来ています。

6.7
止まらないサービス～ネットフリックス

ネットフリックスは、AWS が提供する環境を利用するだけでなく、さまざまな工夫によって、可用性を高めながら、コストを削減して活用しています。マイクロサービスアーキテクチャーを採用し、耐性を考慮した展開方法で、AWS のアベイラビリティゾーン（212 ページ参照）がダウンしてもサービス停止を回避したことが話題になりました。

躍進するネットフリックス

ネットフリックスはアマゾンよりも野心的で、最も危険な会社とも言われています。ビデオのレンタルショップから事業を開始した会社でしたが、時代の流れに合わせて動画配信サービスへと移行します。視聴者がいつどのようなコ

ンテンツを視聴しているかや、どんな俳優が好みかなど、契約者の視聴パターンを細かく分析し、徐々に推奨コンテンツの精度を高めていきました。

たとえば、取得した情報から推奨コンテンツを選び出すアルゴリズムを入手するために、2006 年、優勝賞金が 100 万ドル（約 1 億円）のコンテストを行っています。さらに、ネットフリックスは、収集したビッグデータを用いて監督や俳優を選び、着実にヒットするコンテンツによって視聴者を海外にまで増やしていきました。

次に行ったのは、有名コンテンツの獲得です。2012 年、ネットフリックスは約 10 億ドル（約 1,000 億円）の資金で、パラマウント・ピクチャーズ、ライオンズゲート、メトロ・ゴールドウィン・メイヤー（MGM）という映画業界大手 3 社が保有するコンテンツを、最新作も含めて 5 年間配信できるライセンス契約をエピックス社と締結しました。

さらに 2018 年、ネットフリックスは、大物プロデューサー、監督、脚本家をスカウトしました。これによって、ネットフリックスはドラマのコンテンツに関して、今後 10 年間は心配することのない体制を築いたと言われています。2020 年 1 月には、スタジオジブリ作品の配信権を獲得し、米国、カナダ、日本を除く世界各国に配信しています。

● ネットフリックスの株式時価総額の推移

1997年	2002年	2006年	2012年	2018年	2020年8月(現在)
DVDレンタル業創業	株式市場上場	コンテンツ推奨アルゴリズムのコンテスト	映画業界大手3社コンテンツ契約	ハリウッド大物と契約	スタジオジブリ作品の配信権獲得
250M$ (291億円)	345.86M$ (458億円)	1.770B$ (1,532億円)	5.147B$ (4,159億円)	116.86B$ (13兆8,246億円)	219.90B$ (25兆803億円)

（括弧内はその年の1月の為替レートをもとに円換算した概算値）

止まらないサービスを支える技術

ビジネス面で躍進するネットフリックスは、技術面においても中途半端ではありません。たとえば、サービス運用時に出力されるデータの監視と分析によっ

て、自身のサービスの通信量を非常に高い精度で予測できるツールを開発しました。さらに、ネットフリックスはその正確な予測に基づいて、アマゾンのクラウドサービスが提供する自動スケーリング機能よりも速くコンピューター資源を調整する仕組みを開発しました。その結果、顧客満足度を向上させただけでなく、可用性を向上させ、アマゾンに支払う利用代金も削減したそうです。

　今日の先進企業は、サービス運用で生み出される価値ある情報を得るためには、自身でツールを開発することさえも厭いません。運用の情報を必要とする利害関係者にできるだけ早く届け、サービスに対する適切な判断を適切なタイミングで行えるようにするのです。

　2011年4月21日、AWSの米国東部リージョンの1つのアベイラビリティゾーン[注]の障害に端を発する大規模なシステム障害が発生し、ほとんどの企業のサービスが中断した時、ネットフリックスのサービスだけはその影響がなかったかのように提供され続けました。ネットフリックスは、2008年までモノリス型のアプリケーションで自社のデーターセンターからサービスを提供していました。しかし、2009年にクラウドネイティブなアーキテクチャーを採用し、重大なエラーが起きてもサービスが継続できるように設計し直していたのです。

　具体的には、合計3つのAWSのアベイラビリティゾーンを使用して、仮に1つのゾーンがダウンしてもサービスが継続できるように、個々のシステムを疎結合で連携させています。各コンポーネントにタイムアウトを設定し、エラーを起こしたコンポーネントがシステム全体に悪影響を及ばさないよう、サービスの品質を緩やかに落としていくような設計がなされているそうです。

注）AWSがサービスの可用性をコントロールする単位。AZとも表記される。同じリージョン内のAZ間は災害や停電に備えてある程度物理的に離れているものの、高速な通信線で接続されており、データやリソースを連携させることができる。

ネットフリックスの可用性デザイン

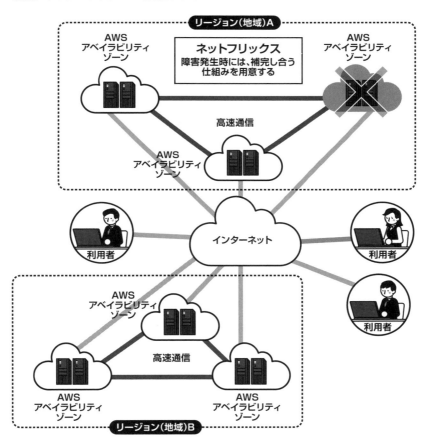

　ネットフリックスは、AWS のエラーをシミュレートするカオスモンキー（Chaos Monkey）と呼ばれるサービスを開発し、本番環境で稼働する仮想マシンを無作為に停止させています。これは、クラウド側でエラーが発生しても自動的に回復できるサービスにすることを、すべての開発チームの目標とするためです。

　はじめてカオスモンキーを導入した時には、不意打ちを食らって中断していたサービスも、徐々に回復力が強化されていきました。このように、本番サービスであえて障害を発生させることで、システムのふるまいを理解し、サービ

スの可用性向上につなげていく手法を**カオスエンジニアリング**と呼んでいます。2012 年、ネットフリックスはカオスモンキーのソースコードを公開してオープンソースとしました。

　さまざなリスクが現実になったとしても生き残る能力を**レジリエンス**と呼んでいます。耐性、回復力、あるいは、対障害弾力性などと訳されるのですが、平たく言えば粘り強さです。このレジリエンスも DX 時代には欠くことのできない能力と言われています。2011 年以降、ネットフリックスが AWS の障害による影響をまったく受けなかったわけではありません。しかし、AWS もネットフリックスもその経験を活かし、レジリエンスをさらに強化しています。

第6章のまとめ

　2010 年代半ば頃からクラウドネイティブという言葉が使われるようなりました。購入したサーバーを自社内に設置して利用するオンプレミスではなく、クラウド上のプラットフォームを前提として設計されたシステムやサービスを指す表現です。本章で紹介したテクノロジーは、まさにクラウドネイティブなサービスを構築し提供するためのものです。

　ここで紹介したクラウドネイティブのテクノロジーが定着するに従って、IT サービスが進化するスピードはさらに速まるでしょう。日本の IT 企業は果たして追いつくことができるのでしょうか。

第7章
DX 時代における経営

インターネットに国境はありません。グローバルな競争の中で生き残るためには、ITプロセスのスピードだけでなく、経営スピードも速めなければなりません。それは、従業員を急かすということではなく、明確なビジョンとそれを実現するための指針を示したうえで、適切な判断と行動ができるように十分な教育と情報を提供し、現場に権限を委譲することです。

変化の激しい環境の中で、競争力のあるサービスを提供し続けるためにも、経営層はサービスマネジメントに積極的に関与すべきです。本章では、最近の統計情報を参照しながら、DX時代の経営のあり方について考えていきます。

● **第7章の位置づけ**

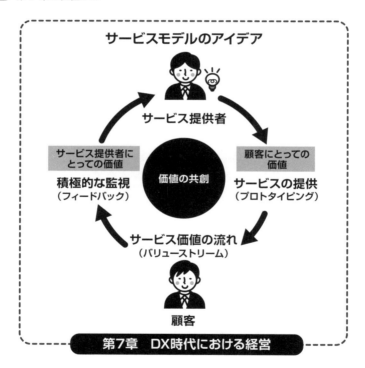

7.1
グローバル競争時代における日本

　国際経営開発研究所（International Institute for Management Development: IMD、以下、「IMD」と記述）によると、2019年の日本のIT競争力は世界で23位でした。韓国（10位）と中国（22位）はこの3年間で順調に順位を上げています。日本の企業は、この事実と理由に真摯に向き合う必要があります。

新型コロナで浮き彫りになった日本の問題解決能力

　日本のIT競争力が周辺の東アジア諸国と比較して低いことは、日本国内ではあまり知られていませんでしたが、国際的なベンチマークによって示されていました。

■■ 問われるIT競争力

　国や企業に対してベンチマークサービスを提供しているIMDは、毎年、各国のIT競争力をランキング形式で発表しています。世界63か国を対象とした2019年のレポートでは、日本は中国に抜かれ、東アジアの主要国の中では最下位になりました。次ページのグラフからも分かるように、韓国と中国はこの3年間で順調に順位を上げています。このグラフにはありませんが、2015年の日本のIT競争力は23位でした。つまり、この5年間、日本のIT競争力は足踏みをしている状態です。

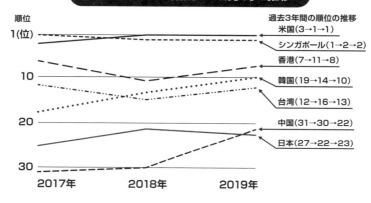

過去3年間の東アジア主要国と米国のIT競争力の順位（「IMD World Digital Competitiveness Ranking 2019」を元に作成）
https://www.imd.org/wcc/world-competitiveness-center-rankings/
world-digital-competitiveness-rankings-2019/

このベンチマークの評価基準には、「ナレッジ」「テクノロジー」「適用力」という3つのカテゴリーがあります。「ナレッジ」は新しい技術を理解して習得する能力で、「人材」「訓練と教育」「科学力」という3つのサブカテゴリーで構成されています。「テクノロジー」は、技術革新を実現する能力で、「規制」「投資」「技術インフラ」に分類されています。「適用力」は新たな技術を利用する能力で、「積極性」「事業速度」「IT統合」というサブカテゴリーがあります。

日本の総合順位は23位で、カテゴリーレベルでもほとんど変わりませんが、サブカテゴリーレベルになると傾向が見えてきます。全部で51ある評価項目レベルで見ると、さらにばらつきは大きくなり、最下位と評価された項目が次のように4つもあります。

- 国際経験（ナレッジ：人材）
- 機会と脅威への対応（適用力：事業速度）
- 会社の敏捷性（適用力：事業速度）
- ビッグデータの活用（適用力：事業速度）

「ビッグデータの活用」の結果に関しては少し驚きはあるものの、他の3項

目の結果に関しては否定できない面があるように思います。日本のベンチマークの結果を次のグラフにまとめました。日本は、技術インフラの領域に強みを持っているものの、ビジネスを成功させるための能力については心配な点が多々あることが分かります。一言で言えば、日本のIT競争力は「ITの基盤は整備されているが、それを活用する能力に乏しく、適用するまでに時間がかかる」と評価されています。

日本のIT競争力のカテゴリ別順位（「IMD World Digital Competitiveness Ranking 2019」を元に作成。[]内の数字は各カテゴリでの日本の順位）
https://www.imd.org/wcc/world-competitiveness-center-rankings/world-digital-competitiveness-rankings-2019/

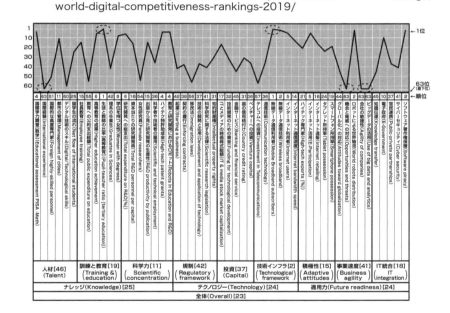

7.2
問われる日本のIT競争力

新型コロナに関連する政策の実行過程で、日本のIT競争力に課題があることが誰の目にも明らかになりました。ITへの投資も重要ですが、今のやり方で金額だけを増やしてもムダに終わる可能性が高いと言わざるを得ません。考

え方とやり方を変える必要があります。

明らかになる日本の IT システムのお粗末さ

2020 年になって新型コロナの感染爆発が起こり、世界各国の問題解決能力が試されています。特別定額給付金のオンライン申請手続きによって、日本の IT による問題解決能力がそれほど高くないことが明らかになりました。電子政府政策は 2000 年頃から断続的に行われており、かなりの予算が投入されました。その中には、総額 40 億円以上もの予算が投入されながら、利用されることがほとんどなかった初代のパスポート申請システムもあります。IT 政策に関する考え方や、やり方を変える必要があると思われます。

特別定額給付金のオンライン申請

特別給付金のオンライン申請における混乱は記憶に新しいことでしょう。なぜマイナンバーがありながら、効率良く処理できなかったのでしょうか。マイナンバーは住民基本台帳から採番しているので、マイナンバーを使えば自治体がそれほど困ることはありませんでした。しかし、マイナンバーは社会保障、税、防災の目的でしか利用してはならないと法律で定められています。マイナンバー制度は、説明するのが面倒になるほどこじれているのです。

特別定額給付金をオンラインで申請した方で、その鍵となるマイナンバーを入力する必要がなかったことに気づいた人はいるでしょうか。マイナンバーカードが必要なので、誰もがマイナンバーが自治体に送られていると勘違いする仕組みでしたが、実はマイナンバーは電子認証（公的保証のある電子印鑑）のためだけに使われており、情報をリンクさせる番号として使われることはありませんでした。

政府は住所、氏名、振込先、そして、振込先を証明する文書のスキャンデータなど、必要な情報を申請者に入力させ、地方自治体にそれをそのまま渡すことで、残りの作業を自治体に丸投げしたのです。その結果、各自治体は名前や住所を人手で台帳と突合しなければならず、膨大な人的資源が必要になりました。

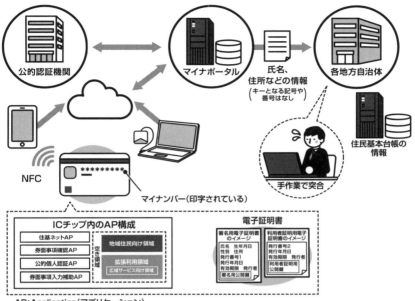

特別定額給付金の配布業務のイメージ

AP:Application(アプリケーション)
NFC:Near Field Communication(近距離用の無線通信技術)

　マイナンバーは、法律で利用が制限されるほど、厳重に扱うことが求められています。その一方で、マイナンバーカードには図書館カードや健康保険証などの機能を追加できる仕様になっており、秘匿すべきマイナンバーが印字されているカードを持ち歩くことを推奨するような方針が打ち出されています。これほどマイナンバーがルーズに扱われるのであれば、いっそのこと使用目的に幅を持たせ、行政サービスの効率化のためにどんどん利用すべきではないのでしょうか。そして、「名前」「性別」「生年月日」はレベル1、「住所」「連絡先」はレベル2、「本籍」「収入」「税金」はレベル3などのように個人情報に保護レベルを設定し、扱う情報の保護レベルに応じたセキュリティ強度をそれぞれのサービスに課す、シンプルなアーキテクチャーのほうが優れているように思われます。

　マイナンバーは国民のプライバシーが侵されているのではないかと、はじめから拒否反応を示す方もいらっしゃいますが、個人情報を一元管理しないシス

テム上の保護措置を理解してから冷静に議論してほしいと思います。議論がかみ合わないまま強引に導入された制度は、法律でがんじがらめになっている一方で、その法律の縛りから逃れるかのように、別のナンバーが割り振られています。そのことを知っている国民はいったいどのくらいいるのでしょうか。

　たとえ、別のナンバーを割り振ることに意味があったとしても、それを国民に分かるように説明しないことが問題のように思います。マイナンバーを腫れ物のように扱う一方で、マイナンバーカードを普及させようとする矛盾した政策がシステムを複雑にし、それが DX の足かせになっているような気がしてなりません。

■■■ 新型コロナ対策アプリ

　新型コロナ対策アプリケーション（以下、「新型コロナ対策アプリ」と記述）についても、他のアジア諸国と比較して対応の遅さが目立っています。まず、IT の利活用に関してメディアに取り上げられた中国、韓国、台湾、シンガポールの新型コロナ対策アプリをいくつか紹介します。

　中国政府は、新型コロナ患者への接近を知らせるアプリを 2020 年 2 月 10 日に発表しました。韓国政府は新型コロナ感染者の位置情報を確認できるアプリを 3 月 6 日、台湾政府はマスクの在庫状況をリアルタイムに確認できるアプリを 2 月 6 日、シンガポール政府は接触者を追跡するアプリを 3 月 20 日に提供することを発表しました。

●●●● 新型コロナ対策アプリのリリース状況（2020 年）

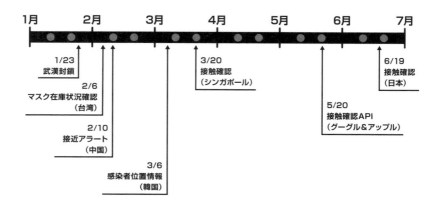

　中国政府が武漢を封鎖したことで新型コロナのリスクが世界に伝わった2020年1月23日を起点とすると、中国と台湾では1ヵ月以内、韓国とシンガポールでは2ヵ月以内に、政府が何らかの対策アプリをリリースしています。また、2020年4月10日には、民間企業であるアップルとグーグルも感染者を追跡する技術を共同で開発すると発表し、5月20日から各国の公衆衛生機関に配布し始めました。武漢封鎖から約4ヵ月後です。

　この間、3月末に厚生労働省がアプリケーション開発のための情報提供を呼びかけるまで、日本政府の動きはまったく伝わってきませんでした。結局、アップルとグーグルからの技術提供を待つことになり、6月19日に接触確認アプリCOCOAがリリースされました。武漢封鎖から約5ヵ月後のことでした。

日本政府のIT戦略

　日本政府は、現在、「行政手続きのデジタル化」による「同じ情報を何度も要求しない」「1ヵ所で完結する」行政サービスを目指しています。2020年7月には、IT総合戦略本部、官民データ活用推進戦略会議合同会議が開催され、「世界最先端デジタル国家創造宣言・官民データ活用推進基本計画」が示されました（http://www.kantei.go.jp/jp/singi/it2/dai78/gijisidai.html）。

　そして、その計画書には、「迅速かつ柔軟に進めるため、クラウドサービスの利用を第1候補として検討するとともに、共通的に必要とされる機能は共通部品として共用できるよう、機能ごとに細分化された部品を組み合わせる設計思想に基づいた整備を推進する。」という文言があります。

　この一文を素直に受け取れば、マイクロサービスアーキテクチャーを推奨すると言及しているように思われます。今からモノリス型のシステムを作り続けるよりも、できるだけ早くマイクロサービスに舵を切るべきとする政府の方針を支持したいと思います。

　ただ、「IT新戦略の概要〜デジタル強靭化社会の実現に向けて〜」という、細かい字で埋め尽くされている22ページのプレゼンテーション資料の中から、この一文の意図を読み取れる人がはたしてどれだけいるのでしょうか。政府のIT政策は、日本のIT業界に大きな影響を与えることができます。同年9月からスタートした新政府が準備を進めている「デジタル庁」が、今までのやり方を大きく変えてくれることを期待したいと思います。

7.3
DX時代のIT企業に求められること

　先進企業のITサービスは継続的に改善され、市場のニーズをすばやく察知してすみやかに進化します。外部に開発を委託している企業は、改善活動が社内で完結する企業よりスピードの面で不利な立場にあります。事業とITをシームレスに連携させることで、進化のスピードを加速させる必要があります。

ユーザー企業との関係における課題

　2019年に開催されたあるイベントの講演の中で、「DXレポート」の編纂者である経済産業省の和泉憲明氏は、DXの一例としてAmazon Goを紹介していました。Amazon Goでは、監視カメラとセンサーによって顧客と商品の動きが観察・分析されており、商品を鞄やポケットに入れて出店する場合でも購入品を正しく判定します。これは、万引きができないシステムであることを意味しています。和泉氏は、日本で実証実験がなされている無人店舗は、スーパーでよく見かけるセルフレジを置いただけの仕組みであることに、保守的で既存の概念を打ち破れないために使い勝手が悪く、顧客体験が考慮されていないと指摘していました。1つひとつの技術に関しては日本も決して後塵を拝しているわけではありませんが、ユーザーの立場でデザインされていないとのことでした。

　2020年3月、高輪ゲートウェイ駅構内に「TOUCH TO GO」という日本企業が運営する無人店舗がオープンしたので、筆者も実際に出向いて試してみました。初めてということで戸惑いはあったものの、会計もスムーズにできて違和感もなく、ポケットに隠した商品も誤りなく清算されていました。Amazon Goから2年遅れではありますが、日本の企業にもまだまだ挽回の余地はありそうです。

　終戦直後の日本のメーカーは世界からかなり遅れを取っていましたが、当時のハングリー精神や国民の勤勉性によって、いつの間にか世界をリードする立場になっていました。しかし、今回の遅れを取り戻すことは、そう簡単なことではないのかもしれません。

　なぜなら、世界におけるビジネスの改善サイクルが日本のそれを上回っており、進化のスピードがとてつもなく速いからです。Amazon Go は 2018 年 1 月から展開されており、すでに市場から膨大なフィードバックを獲得しています。現在、Amazon Go は米国内のみで展開されていますが、アマゾンは Amazon Go のシステムをライセンス供与すると発表しています。日本の大手コンビニや大手食品スーパーの 1 社でもこのシステムを導入すれば、市場の勢力図が一気に変わる可能性さえあります。

● **サービス開発手法による IT サービスの進化スピードの違い**

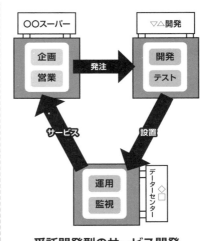

DevOpsによるサービス開発 ｜ **受託開発型のサービス開発**

　Amazon Go のシステムを採用する企業が出てきた場合、競合する他のコンビニやスーパーの情報化を支えている日本の IT 企業は、アマゾンと開発競争をしなければなりません。日本のユーザー企業の多くは、システムインテグレーターにシステム開発を委託しています。果たして、開発スピードでアマゾンと競争できるのでしょうか。

　継続的デリバリーの有効性を考えるために、新型コロナの感染者情報管理システム「HER-SYS」を取り上げてみましょう。このシステムが現場で利用されない主な理由として、「個人情報の扱いに関するコンセンサスがないこと」と「入力項目が多すぎること」が指摘されています。このシステムに対しては

さまざまな立場の人がいて、丹念にヒアリングをしていては数ヵ月が過ぎてしまいます。

また、いくら議論しても、実際に運用してみて分かることもあり、時間をかければ優れたものができるとは限りません。結局のところ、全体を掌握するために必須とすべき情報とそれ以外を分離し、また誰がいつデータを入力するかについても現場にはできるだけ負担がかからない仕組みに進化させていく必要があります。この時、継続的デリバリーであれば、リリースとフィードバックを繰り返すことで、徐々に市場のニーズに合ったサービスに近づけていけます。少なくとも半年もの間、ほったらかしにされることはありません。

米国では、IT人材の65％がユーザー企業に属しています。一方、日本ではIT人材はベンダー企業（IT企業）に偏っています。高速なサービス改善モデルを実現するためには、ビジネスとITの関係を今まで以上に強化しなければなりません。一部のユーザー企業は、IT部門を強化することで高速に進化する組織に生まれ変われるかもしれません。しかし、外部のIT企業に頼っていたユーザー企業に、変革をもたらすことはそう簡単ではありません。

● 日本と米国の情報処理・通信に携わるICT人材（平成30年版 情報通信白書（総務省）を元に作成）

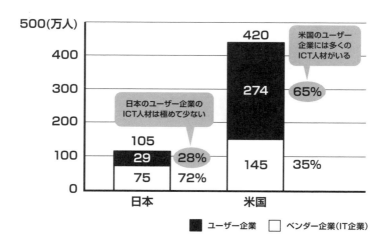

2019年7月、みずほフィナンシャルグループは19年かけて、今では負の遺産とまで言われるようになった第三次オンラインシステムから脱却し、

MINORIと呼ばれるシステムを導入しました。MINORIの構築プロジェクトがスタートしたのは、東日本大震災直後にみずほ銀行が大規模なシステム障害を起こした3ヵ月後で、約8年の年月と4,000億円台半ばとも言われる桁外れの資金を投じて完成させました。

このシステムの完成によってAPI連携によるシステム拡張が可能になり、テストの対象範囲も限定できるため、今後のアプリケーション開発コストを3割程度削減できると見込んでいます。また、それまでの複雑なシステムからシンプルな構造に移行できたことで、運用コストも5年間で720億円削減しようとしています。その上、このプロジェクトを通して多くのIT人材が育ちました(参考文献：『みずほ銀行システム統合、苦闘の19年史　史上最大のITプロジェクト「3度目の正直」』／日経BP／2020年／16, 96-97, 107-110ページ)。

ITの人材は簡単に育成できるものではありません。実際のプロジェクトの中で成功と失敗を繰り返しながら、知識、スキル、そして経験を積み重ねていって優れた技術者に育っていきます。この段階で技術的負債を清算するために費やされた4,000億円は、将来、もしかすると安上がりの投資だったと評価されるかもしれません。

DXの時代には、継続的デリバリーによって、毎日、少しずつでも前進することが求められます。AI、ビッグデータ、IoTといったデジタル技術の活用だけでなく、アジャイル開発やDevOpsによって、事業スピードを速めるという課題も突きつけられています。IT企業は、ユーザー企業が安心して継続的デリバリーに挑戦できるように、率先してクラウドネイティブの開発モデルに取り組み、人材を育てなければなりません。そのスキルと経験が、DX時代のIT企業の競争力になるはずです。

7.4
DXに対する現在の取り組み

2019年に実施されたあるアンケート調査から、DXに対する経営層の思いと現場の技術者の認識にギャップがあることが明らかになりました。また、アジャイル開発が組織を継続的に進化させるための手段という認識は薄く、過小評価されているように思われます。

日本における DX の実態

　2018 年 9 月に公表された「DX レポート」からスタートした政府主導によ
る日本のデジタル革命（DX）ですが、2019 年時点でどのくらい進展している
のでしょうか。NTT データ経営研究所が、2019 年 7 月から 8 月にかけて実施
したアンケート調査の結果を見ると、DX への取り組みの度合いは企業の規模
によって大きな差があります。

企業の規模による DX への取り組みの度合い（出典：「日本企業のデジタル化
への取り組みに関するアンケート調査」結果速報（NTT データ経営研究所））
https://www.nttdata-strategy.com/newsrelease/190820.html

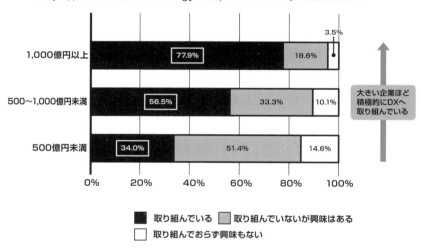

　IT 企業であれば上位 40 社に入る[注]ような売上高 1,000 億円以上の企業では、
77.9% が具体的に取り組んでいるのに対して、同 500 億円から 1,000 億円まで
の中堅クラスの企業では 56.5%、同 500 億円以下では 34.0% です。売上高 500
億円でも十分に大きな会社ですが、海外企業と競争する機会が多い企業ほど
DX に真剣に取り組んでいる様子が読み取れます。ただ、取り組みの内容につ
いては、業務の効率化が中心で、スピード経営やビジネスモデルの変革などに
ついては 30% 前後であり、まだこれからという印象があります。

注）IT 企業の売上高・営業利益ランキング（https://nerimarketing.net/itcompany-salesranking/ ）より

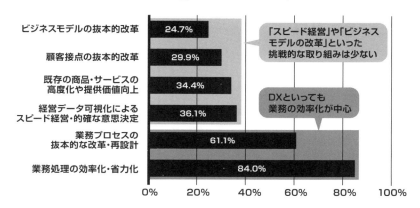

DX に取り組んでいる内容（出典：「日本企業のデジタル化への取り組みに関する アンケート調査」結果速報（NTT データ経営研究所））
https://www.nttdata-strategy.com/newsrelease/190820.html

　また、IT スキル研究フォーラム（iSRF）の DX 実態調査ワーキンググループが 2019 年の夏に経営層および IT 技術者に実施したアンケート調査によると、「経営トップが DX を推進する目的を、ビジョンとして明示しているか」という設問に対して、肯定した経営層の割合が 66.7% に対して、現場のエンジニアの 33.4% しか肯定しておらず、経営層のビジョンが現場のエンジニアには届いていないように思われます。

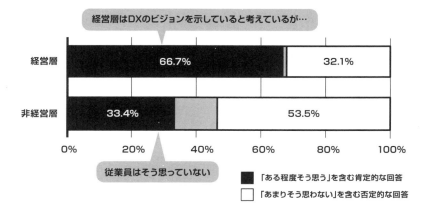

DX に対するビジョンが明示されているか（IT スキル研究フォーラム 「DX 実態調査」結果を元に筆者が作成）出典：『日経コンピュータ』2019 年 12 月 26 日号

　このアンケート調査でとくに印象に残った調査結果の1つは、アジャイル開発に関する設問に対するものでした。「アジャイル開発への取組み」に対する肯定的な回答は、業種で見るとユーザー企業が30.1%、ベンダー企業が28.2%、職位別で見ると経営層が39.7%、ITエンジニアが28.8%です。これは、アジャイル開発に対して肯定する意見が全体的に少ないだけではなく、相対的にITに詳しくないグループのほうがアジャイル開発に関して肯定的な回答をしているのです。

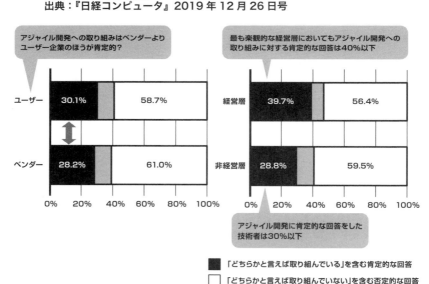

　　　　「アジャイル開発への取組み」に対する回答（ITスキル研究フォーラム「DX実態調査」結果を元に筆者が作成）
出典：『日経コンピュータ』2019年12月26日号

　次ページのグラフは、40代の社員が「アジャイル開発への取組み」に最も消極的ということを示しています。分かりやすいようにアジャイル開発の結果だけを描画しましたが、この傾向はDX全般に見られます。これらの調査結果だけで判断すれば、経営層、若手、ユーザーがDX推進に前向きである一方で、DXを担うべきサービス提供者の中堅エンジニアが消極的になっていると受け取らざるを得ません。これにはアプリケーションの要件を明確に定義して開発は外部に委託するという、日本でよく見られるビジネスモデルが影響を与えて

いるように思われます。発注元がアジャイル開発のメリットに気づいて開発会社に要求しなければ、ウォーターフォール型の開発が今後も主流になっていくことでしょう。

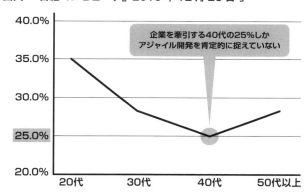

●●● 「アジャイル開発への取組み」に対する肯定的な回答の年代ごとの割合（ITスキル研究フォーラム「DX実態調査」結果を元に筆者が作成）
出典：『日経コンピュータ』2019年12月26日号

アジャイル開発に対する取り組みに関して、企業IT動向調査からも同様の傾向を見出すことができます。大きな組織では徐々に取り組みを開始したものの、売上高が1兆円に満たない企業においてはまだこれからのようです。

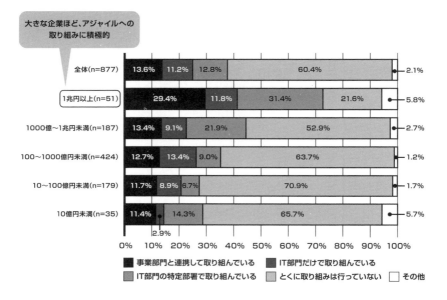

売上高別 アジャイル開発の取組み状況（出典：企業 IT 動向調査報告書 2020（日本情報システム・ユーザー協会））

大きな企業ほど、アジャイルへの取り組みに積極的

	事業部門と連携して取り組んでいる	IT部門だけで取り組んでいる	IT部門の特定部署で取り組んでいる	とくに取り組みは行っていない	その他
全体(n=877)	13.6%	11.2%	12.8%	60.4%	2.1%
1兆円以上(n=51)	29.4%	11.8%	31.4%	21.6%	5.8%
1000億～1兆円未満(n=187)	13.4%	9.1%	21.9%	52.9%	2.7%
100～1000億円未満(n=424)	12.7%	13.4%	9.0%	63.7%	1.2%
10～100億円未満(n=179)	11.7%	8.9%	6.7%	70.9%	1.7%
10億円未満(n=35)	11.4%	2.9%	14.3%	65.7%	5.7%

　日本企業の多くがクラウドやアジャイル開発を過小評価しているように思われます。クラウドやアジャイル開発のメリットは、運用コストの削減とか、開発サイクルの短縮といった局所的なものではありません。毎日少しずつでも IT サービスの価値を高め、組織を継続的に進化させるための手段なのです。グローバル企業は進化のスピードを一段と速めています。今こそ、価値提供のリードタイムを短縮することに注力しなければなりません。

　アジャイル開発は大型システムの開発には向かないと多くの方が認識していることも事実です。だからといって、じっとしていても良いのでしょうか。世界は API 連携、コンテナ化、マイクロサービスなど、さまざまな技術を駆使して、その壁を乗り越えています。すでに、アジャイル開発かウォーターフォール型開発かを比較する段階ではなく、事業スピードを速めるためにも IT 組織にはさらなる変革が迫られているのです。

　そして、その変革を実現できるのは、IT サービスを提供している技術者ではなく、ユーザー企業の経営者です。なぜなら、DX の実態調査からも分かるように、IT 技術者は今のビジネスモデルに満足しています。ベンダー企業は

ウォーターフォール型のシステム開発を受託していれば、顧客の事業がどうなろうとも、当面の間、仕事を失うことはなく、開発後のシステム保守事業を考えれば、更に長い期間の収入が保証されるからです。

7.5
サービスマネジメントにおける経営層の役割

　2018 年の日本企業の IT 予算の売上高に対する比率は、米国企業のそれの約半分でした。一方、IT 投資への積極性がその企業の売上高や営業利益に良い影響があるという調査結果があります。組織のトップの IT に対する振る舞いは、積極性であっても消極性であっても、周囲に大きな影響を与えます。

　次ページのグラフは、IT 予算の売上高に対する比率を業界別に棒グラフに表したものです。左側の 2 つの棒が JUAS の 2018 年と 2019 年の日本企業に関する調査結果で、右側の棒はデロイト社がグローバル企業から収集した調査結果です。調査対象の企業の詳細情報はなく、産業の分類もまったく同じではないので全体の傾向を概観する目的で紹介します。

　もともとこのグラフは、日本企業の IT 投資が少ないということを伝える目的で作成しました。「日本 2018」と「グローバル 2018」を比較すると、どの業界においても日本の投資比率がグローバル企業の約半分という事実を伝える予定でした。しかし、最新の調査結果から、2019 年の日本企業の IT 投資がかなり増えたので、一時的にでも悲観的な事実を伝える必要はなくなりました。

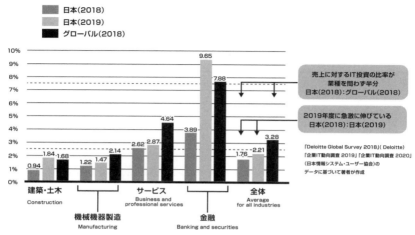

IT 予算の売上高に対する比率の海外企業との比較（統計結果から一部の情報を抜粋）

凡例:
- 日本(2018)
- 日本(2019)
- グローバル(2018)

売上に対するIT投資の比率が
業種を問わず半分
日本(2018)：グローバル(2018)

2019年度に急激に伸びている
日本(2018)：日本(2019)

「Deloitte Global Survey 2018」(Deloitte)
「企業IT動向調査 2019」「企業IT動向調査 2020」
（日本情報システム・ユーザー協会）の
データに基づいて著者が作成

グラフデータ:
- 建築・土木 Construction: 0.94, 1.84, 1.68
- 機械機器製造 Manufacturing: 1.22, 1.47, 2.14
- サービス Business and professional services: 2.62, 2.87, 4.64
- 金融 Banking and securities: 3.89, 9.65, 7.88
- 全体 Average for all industries: 1.76, 2.21, 3.28

　2019 年の日本企業の IT 投資実績は、このグラフの真ん中に当たります。各業界で売上高に対する IT 投資比率は上昇し、建築・土木や金融では、グローバル企業の前年度実績を上回っています。これは、DX レポートにより、日本企業が IT 投資を増やした影響もあると思われます。この傾向が、今後も続いてくれることを願っています。

　次ページのグラフは、電子情報技術産業協会（JEITA）が 2015 年に実施した「国内企業の『攻めの IT 投資』実態調査」によるもので、IT 投資への積極性がその企業の売上高や営業利益に良い影響があることが認められるというものです。IT 投資に「極めて積極的」な会社の過去 3 年間の業績が、「積極的」「やや消極的」「消極的」という他の 3 つのグループよりも優れていることを示しています。また、その積極度と売上高や営業利益の間に相関関係が認められます。

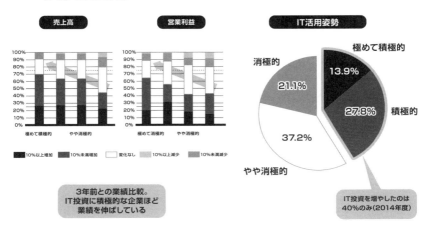

IT投資への積極性と企業業績との相関関係（「JEITAだより Vol.13　2015年春号」を元に作成）

経営層の関与

　組織改革を成功させるためには、推進チームのメンバー選出において、関係するすべての組織の実力者を投入する必要があります。とくに全体を取りまとめるプロジェクトの責任者には、「あの人のためなら協力しよう」と思わせる人物であることが望ましいと言われています。周りの社員は選抜メンバーの人選で、経営トップの本気度を測ります。現場の優秀な人材をチームに参加させるためには、経営トップの強いリーダーシップが求められます。もし、選抜されたメンバーが職場からの支援が得られなければ、プロジェクトとの間で板挟みになってしまいます。

　組織トップの日頃の言動は、それが社内改革を支持するものでも否定するものでも周囲に大きな影響を与えます。経営層がプロジェクトの重要性を認識し、支持することを公の場で内外に伝えることは、現場における抵抗を減らし、協力者を増やし、プロジェクト関係者のモチベーションを高めます。プロジェクトが当初の目的を逸脱しないように、経営層がプロジェクトの状況に関心を持ち続けることも重要です。

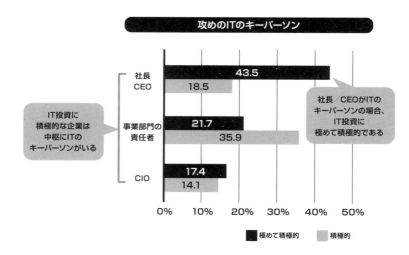

経営層の関与度と IT 投資の関係 （「JEITA だより Vol.13　2015 年春号」を元に作成）

　上のグラフは、前述の調査においてキーパーソンが誰であったかという調査結果です。「極めて積極的な」会社では、社長/CEO がキーパーソンである割合が 43.5% に達しています。また、キーパーソンが社長/CEO、事業部門の責任者、CIO のいずれかである割合が、「極めて積極的な」会社で 82.6%、「積極的」な会社で 68.5% です。つまり、権力を持っている人間が IT に深く関与することで、積極的な IT 投資がなされ、業績にも良い影響を与えているのです。

DX 推進指標

　2025 年の崖は技術的な課題であるだけでなく、経営の課題でもあると認識している経済産業省は、そのことを経営層に理解してもらうために、いくつかの施策を行っています。1 つは、東京証券取引所と共同で、戦略的な IT 活用に取り組む企業を「攻めの IT 経営銘柄」と選定・公表することで、DX の重要性を経営層に訴えています。また、「経営幹部や事業部門、DX 部門、IT 部門などの関係者の間で現状や課題に対する認識を共有し、次のアクションにつなげる気付きの機会を提供することを目的とする DX 推進指標」を公表し、各企業の自己診断結果を支援するためのサイトを立ち上げました。

（https://www.ipa.go.jp/ikc/info/dxpi.html）

　このDX推進指標は各企業が自己診断によって、自社のDXへの取り組みと他社のそれとを比較できる仕組みであり、経営者自身に答えることを求めるなど、さまざまな工夫がなされています。自己診断項目は網羅性やバランスなども考慮されており、下図のように多岐にわたっています。

「DX推進指標」の構成（デジタル経営改革のための評価指標（経済産業省）を元に作成）
https://www.meti.go.jp/press/2019/07/20190731003/20190731003.html

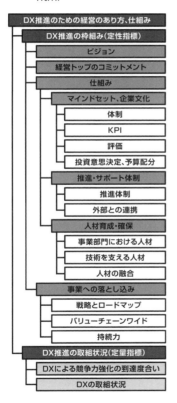

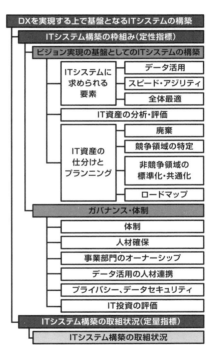

7.6
共感されるビジョンを示す

　消費者の声が他の消費者の行動に影響を与える現代において、企業は共感されるビジョンを示す必要があります。組織が目指す方向性に顧客は賛同し、将来の姿を想像する従業員はやりがいを感じます。DX を成功に導くためには、DX によって実現したい未来を共有する必要があります。

明確なビジョンの共有

　ネットワークが世界中に張り巡らされて、消費者の声が他の消費者に影響を与えるようになった現代では、消費者だけではなく、株主、パートナー、そして従業員にも納得をしてもらえるような組織運営が求められます。そのために必要なのは、それらの人たちが共感できるビジョンを示すことです。企業が人間の幸福にどのように貢献していくかを明確に伝えることができれば、消費者はその商品を気持ち良く利用できますし、従業員もやりがいをもって仕事に取り組めます。

　1961 年、当時のアメリカ合衆国大統領ケネディは、1960 年代中に人類を月に送ると発表しました。このアポロ計画によってコンピューター技術が飛躍的に発展したように、組織が一丸となって努力すれば多くの恩恵がもたらされます。明確なビジョンを共有できれば、たとえ困難な課題であっても立場や価値観を超えて協力でき、具体的な解決策を導き出しやすくなります。

　ビジョンは、組織の将来の姿を具体的にイメージさせるものでなければなりません。グーグルの「1 クリックで世界の情報へアクセスさせる」や、アップルの創業者であるスティーブ・ジョブズ氏が 1980 年代に唱えた「普通の人が使えるコンピューターをすべての人に（届ける）」は、端的でありながら、その組織に属する従業員が何をしなければならないかをイメージさせてくれます。

　また、掲げたビジョンが共感を得るためには、多くの人に納得してもらえるビジョンが必要です。その組織の強みを生かしたもの、そして、働き甲斐をもたらすものでなければなりません。グーグルやアップルのビジョンも、それぞ

れの強みを生かし、顧客や従業員に夢を与えるものになっています。サービス業では、現場で即座に判断しなければならない場面が多々あります。共感できるビジョンとそれを実現するためのガイドラインを明確に伝えることで、従業員一人ひとりに細かい指示を出さなくても、率先して適切な行動を起こせるように導きます。

ビジョンを浸透させるステップ

組織にビジョンを浸透させるためには、次の3つのステップが必要です。

- ビジョンを共有する
- ビジョンと仕事を紐づける
- ビジョンを体現する従業員を評価する

◖◗ **ビジョンが浸透していく流れと施策**（『ビジョン浸透は「発信型」から「着信型」へ』（リクルートマネジメントソリューションズ）を参考に筆者が作成）
https://www.recruit-ms.co.jp/issue/feature/soshiki/201112/

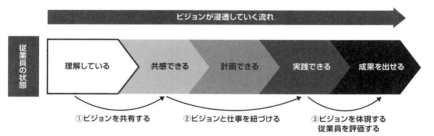

①ビジョンを共有する

江上隆夫氏は彼の著書『THE VISION あの企業が世界で急成長を遂げる理由』（朝日新聞出版／2019年）の中で、ビジョンづくりは「なぜ、私たちは、この事業を行っているのか」という問いに向き合うことであり、企業の全体像を創業時から現在を経て未来に至るまで客観的に捉え、将来のあるべき姿を明らかにすることであると述べています。経営層や従業員の感情を揺さぶるような、大きくて力強いビジョンが必要です。「大きさ」とは賛同してくれる人の多さであり、「力強さ」とは経営トップの熱量です。

> 優れたビジョンは（略）人や組織に固有のものでありながら、多くの人に「私の夢でもある」と思わせる力をもっています。（略）ビジョンとは、ある固有の組織や人の中に生じた「公共の夢」でもあるのです。
>
> （『THE VISION あの企業が世界で急成長を遂げる理由』／江上隆夫［著］／朝日新聞出版／2019年／192-193ページ）

　江上氏によれば、企業の背景にある事業上のポテンシャルと従業員の感情的なエネルギーを引き出すようなビジョンを創造するには、最低でも4ヵ月は必要だそうです。創業の歴史を振り返ったり、経営者や従業員に対するインタビューを行う「探索」からスタートし、組織を客観的に捉えて将来のあるべき姿を言葉で表現する「創出」を経て「定着」を図ります。草案を創るチームは最大でもリーダーを含めて7名以下で、さまざまな部門から多様なメンバーを選抜します。

　経営レベルで洗練したビジョンができ上がったら、経営トップがタウンミーティングや社員研修などを通じて、ビジョンの意図や背景を説明します。経営トップが従業員に直接語りかけることで、その熱さは伝わります。

　ビジョンは時間が経過しても劣化しない、普遍的な価値に目を向けるものであるべきです。アドバイザーを紹介する会社ビザスクの「世界中の知見をつなぐ」も、幸せの職場と称賛されるメンロー社の「世界中の技術者たちの苦しみを終わらせる」も、時間が経過しても色あせることのない経営トップの意志を表現しています。その意味でDXはビジョンではなく、ビジョンを実現するための手段と言えるでしょう。

　もし、DXによって組織を進化させたいのであれば、自分たちが「DXで組織をどのように変貌させるのか」、あるいは「DXによって何を実現したいのか」といったビジョンに至るまでのプロセスを組織の中で共有する必要があります。

■■■ ②ビジョンと仕事を紐づける

　従業員に割り当てる仕事が、組織のビジョンとどのように関係しているかを理解してもらう必要があります。ビジョンを実現するための事業計画や達成目標を示し、それぞれの部門や個人の役割、そして、ビジョンと割り当てる仕事との関係性を丁寧に説明します。従業員が自身の仕事とビジョンの接点を発見することができれば、自主的に適切な行動が取れるようになります。顧客と第

　一線で接している従業員は、顧客からの直接の感謝や売り上げの向上など、組織と自身の目標を関係づけやすい仕事を任されていると言えます。

　一方、顧客との直接の接点のない部門においては、組織のビジョンと個人の成長を結びつけるのも1つの方法です。トヨタでは、改善活動を通して社員に生きがいを与えています。工場における価値の流れから澱みを取り除くことは、リードタイムを短縮して顧客満足度を高めます。現場のリーダーから指導を受けながら、自分自身で職場の課題を解決することで達成感を感じつつ、自己の問題解決能力を高めています。日常に創造があり、発見があり、自己の成長があります。それらのことが、仕事に前向きに取り組むための活力となるのです。

　「人手のかからない自動運用を実現する」といった長期目標を掲げた運用部門でも同じことが言えます。従業員は運用を自動化するために克服すべき課題を定義して、実験を繰り返しながらあるべき状態に近づいていきます。それは、ツールの導入であったり、ルーチンワークの自動化であったりします。「AIを用いて自動運用を実現する」というテーマを掲げて組織全体で取り組めば、DXを前進させるだけでなく、最新のテクノロジーが技術者にやりがいをより感じさせることになるかもしれません。

　チームで取り組めば、より大きな課題に取り組むことができ、チームワークを培い、ナレッジが共有され、若手を育成することになるでしょう。そして、一定の成果を得られれば、全員で達成感を味わうことができます。

組織のビジョンが個人のやりがいと結びついていること

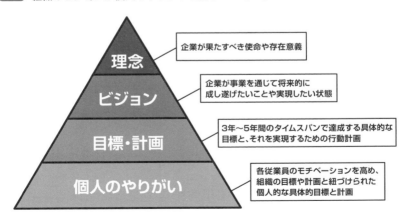

理念 — 企業が果たすべき使命や存在意義

ビジョン — 企業が事業を通じて将来的に成し遂げたいことや実現したい状態

目標・計画 — 3年〜5年間のタイムスパンで達成する具体的な目標と、それを実現するための行動計画

個人のやりがい — 各従業員のモチベーションを高め、組織の目標や計画と紐づけられた個人的な具体的目標と計画

■ ③ビジョンを体現する従業員を評価する

日頃から、ビジョンを体現する従業員を褒めることで、良い仕事のやり方についてのイメージを組織に浸透させていきます。組織の業績に直接貢献する従業員は、貢献した結果が数字となって表れるので評価しやすい職種とも言えます。一方、バックオフィスとも呼ばれる間接部門の従業員に対しては、昇給などの金銭的報酬だけでなく、社内報や表彰など公の場でその貢献を賞賛します。

7.7
「社員満足」経営

従業員が疲弊していては、顧客を満足させることはできません。従業員を満足させることが顧客を満足させることにつながり、その結果として業績が向上します。

サービスプロフィットチェーン

サービスプロフィットチェーンとは、従業員満足（Employee Satisfaction：ES）、顧客満足（Customer Satisfaction：CS）、さらには、企業利益との関係を表すモデルです。従業員を満足させることが顧客を満足させることにつながるという概念は、ハーバード・ビジネススクールのヘスケット名誉教授、サッサー名誉教授などによる 1994 年の論文「サービスプロフィットチェーンの実践法(原題：Putting the Service-Profit Chain to Work)」において示されました。

その後、同氏らは『カスタマー・ロイヤルティの経営—企業利益を高めるCS 戦略』（日本経済新聞出版／ 1998 年、原題『The Service Profit Chain』）を著し、この考え方が広く知られるようになりました。

サービスプロフィットチェーン

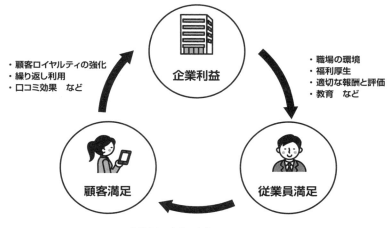

・顧客ロイヤルティの強化
・繰り返し利用
・口コミ効果　など

企業利益

・職場の環境
・福利厚生
・適切な報酬と評価
・教育　など

顧客満足

従業員満足

・定着率やスキルの向上
・顧客のニーズに合ったサービス提供　など

　従業員満足度は、顧客満足度や業績の先行指標と言われています。従業員満足度を高める具体的な施策については、志田貴史氏がその著書『会社の業績がみるみる伸びる「社員満足 (ES)」の鉄則』（総合法令出版／ 2009 年）の中で、次の 5 つの要素の重要性を指摘しています。

①ビジョンへの共感

　組織が目指している将来像がはっきりしていて、その将来像に近づきたいと従業員が思えることが重要です。

②マネジメントの適切さ

　上司のマネジメントのやり方や人事評価に対する納得感があるか否かです。上司の従業員満足度やマネジメントスキルなどが関係します。

③参画への充実度

　与えられている仕事にやりがいを感じること、仕事の成果を評価されること、あるいは、将来、役立つであろう知識やスキルを習得しているといった自己成長の実感によって満たされます。

■■ ④企業風土の最適さ

　自身が属している組織におけるチームワークやコミュニケーションが深く関係しています。従業員は組織の中に居場所を見つけると安心感を得ることができます。お互いが無関心であったり、忙しすぎて周囲に配慮する余裕がなかったりすると、職場に疎外感を感じる従業員も増えてしまいます。

■■ ⑤就業環境の快適さ

　最近は働き方改革の名のもとに、職場環境や労働条件が見直されるようになりました。「有休消化率」「女性管理職の割合」「育児休暇の取得率」など、自分が会社から大切にされていると感じさせてくれる就業環境が求められています。

● 「社員満足度ファクター」と「人間の4つの幸せ」の関係（『会社の業績がみるみる伸びる「社員満足 (ES)」の鉄則』（志田貴史［著］／総合法令出版／ 2009 年）を参考に作成）

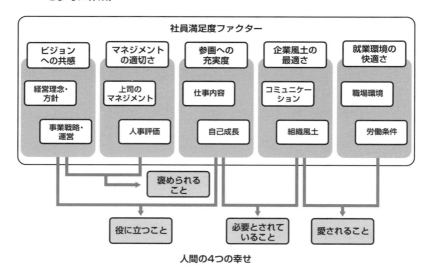

人間の4つの幸せ

　志田氏が指摘する「社員満足度ファクター」は、日本理化学工業の会長である大山泰弘氏が禅僧から教えられたという「人間の4つの幸せ」（褒められること、役に立つこと、必要とされること、愛されること）に通ずるものがあります。
　たとえば、「マネジメントの適切さ」は従業員を正しく評価することであり、組織の目標達成に貢献した従業員を「褒める」ことです。「参画への充実度」は、

職務を果たすために十分な権限を与えることであり、責任感とともに組織の「役に立っている」と感じさせることにつながります。「企業風土の最適さ」や「就業環境の快適さ」は、同僚とコミュニケーションを図りながら、チームとして目標を達成することであり、仲間として「必要とされ」「愛されている」と感じることができます。まさに、「社員満足度ファクター」が従業員に幸福感と満足感をもたらすのです。

　従業員が満足しているかどうかを確認する最も分かりやすい指標が離職率です。離職率がすべてではありませんが、自社の数値と比較することで、自身の職場が恵まれているどうかを推測できます。厚生労働省の 2018 年度の統計によると、情報サービス業は情報通信業に分類されており、離職率は 11.8％ です。つまり、1 年間で平均 10 人に 1 人は会社を辞めているということです。ちなみに、この年のトヨタの離職率は 1.02％ だったそうです（「サステナビリティデータブック 2019」より）。

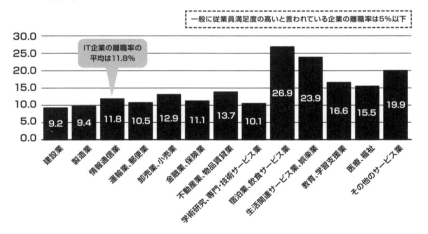

　　　　産業別離職率（厚生労働省　平成 30 年（2018 年）雇用動向調査のデータを元に作成）

7.8
「良い職場」戦略

組織のビジョンに共感し、責任と権限が適切に割り当てられた従業員は率先して仕事に取り組みます。明確なガイドラインが示され、訓練と情報が十分な良い職場環境を提供することこそ、組織の生産性を高めてくれます。

良い職場への取り組み

「良い職場」戦略を提唱するマサチューセッツ工科大学のゼイネップ・トン准教授は、経営者が良い職場を実現するために、4つのことを取り組む必要があると主張しています。

● 良い職場を目指す上で経営者が実現すべき4条件（「「よい職場」が競争力を生む」「従業員への投資が業績改善につながる」／ゼイネップ・トン［著］／『DIAMOND ハーバード・ビジネス・レビュー』2018年8月号を参考に筆者が作成）

実施すべき4条件	実施することと期待できる結果
集中と簡略化	顧客満足度と従業員の生産性を最大限に高めるために商品を提供する仕組みを構築する（ムダを徹底的に取り除く、顧客のニーズに合致する商品を提供する）
標準化と権限委譲	現場の従業員の意見を参考に日々の業務を標準化した上で、業務内容に関して意見を述べ、問題を解決する権限を現場の従業員に与える。標準化で業務の効率化が進み、権限委譲によってモチベーションが高まれば、従業員が積極的に貢献するようになる
複数業務の習得とトレーニング	顧客に対面する仕事と、顧客に接しない仕事に関する研修を従業員に受けさせる。クロストレーニングによって、従業員のスケジュールは調整しやすくなり、モチベーションは高まり、チームワークが促進され、顧客ニーズへの対応能力の高い従業員が育ち、生産性が向上する
余裕を持った業務内容	余裕を持って業務に当たれると、従業員はミスを犯さずより良いサービスを提供できる。改善機会を発見し、意見交換をする時間が持てることで、組織はコストを削減し、パフォーマンスを向上させることができる

当然ですがこれらの条件は、志田氏が提唱する「社員満足」経営（「7.7 「社員満足」経営」を参照）と多くの共通点があります。つまり、良い職場を実現するためには、洋の東西を問わず「経営を安定させること」「現場に権限を委譲すること」「十分な教育を施すこと」「業務に余裕を持たせること」が求めら

れているということです。

従業員の自由と責任を両立させる経営

　ハーバードビジネススクールのランジェイ・グラティ教授は、サービス業の経営に関して「従業員の自由と責任を両立させる経営」（『DIAMONDハーバード・ビジネス・レビュー』2018年8月号、原題「Structure That's Not Stifling」Harvard Business Review May-June 2018 Issue）というタイトルの寄稿文の中で、アラスカ航空の例などを引き合いに出し、良い職場を実現するには次のことが求められると指摘しています。

- 経営トップが組織の目指すべき方向性を示し、判断と行動のための指針を伝える
- 規律に従った秩序の下で、現場で判断し行動できるように権限を委譲する
- 従業員が適切な判断ができるように、十分な教育と情報を提供する

　ディズニーのテーマパークには接客のマニュアルは存在せず、キャストと呼ばれる従業員は「どうしたらお客様に幸せを届けられるか」を常に考えて行動します。組織はSCSE（安全：Safety、礼儀正しさ：Courtesy、ショー：Show、効率：Efficiency）と呼ばれる優先順位の付いた行動規準によって、従業員が柔軟ながら適切な行動が取れるようにしています。

　スターバックスでは、コーヒーを通して最高の顧客体験を提供するという理念に沿った接客を、従業員自身が考えて行うことを求めています。従業員は上司に相談することなく、自分で判断し行動することが許されており、組織の理念を自ら解釈し、日々の業務の中で体現することに情熱を注いでいます。

　星野リゾートでは、現場主導で企画されたその土地でしか体験できないユニークなサービスによって差別化を図っています。スタッフは上司の指示を待つことなく、自由に発想したことを提案し、行動に移すことができます。自主性を大切にすることで当事者意識を持つようになり、高いモチベーションで仕事に取り組んでいます。今回のコロナ禍で星野リゾートの星野佳路代表は、各宿泊施設の「倒産確率」を試算し社員に公表しています。社員は会社の危機を自分事として捉え、倒産を避けるためのさまざまな企画を計画し実行に移しつつあるそうです。

このように、優れたサービス提供組織に共通するのは、会社のビジョンと従業員の生きがいがリンクしていること、そして、従業員に十分な権限が与えられていることです。つまり、組織は明確なビジョンを示す一方、サービスの最前線にいる顧客と接するスタッフには、適切な判断とふるまいが行えるようにルールを定め、教育や訓練を実施したうえで、状況に応じて柔軟に対応できるような裁量権を与えているのです。

7.9
奇跡の職場
～JR東日本テクノハートTESSEI

トップがビジョンを示しながら現場に権限を委譲すれば、現場が活気を取り戻し、顧客志向の組織に生まれ変わるという事例は、洋の東西を問わずさまざまな文献から見つけ出すことができます。本節では、ハーバードビジネススクールの教材にもなった「奇跡の職場」を覗いてみましょう。

新幹線清掃チームのやる気革命

新幹線の掃除業務を担当しているJR東日本テクノハートTESSEIは、新幹線が折り返す15分のうちの7分間で清掃を完了させることから「7分間の奇跡（7 minutes miracle!）」と言われ、多くのメディアに取り上げられた清掃会社です。

JR東日本を定年退職した矢部輝夫氏が、再就職先としてこの職場に勤めることになったことがこの物語の始まりです。与えられた清掃の仕事だけを淡々とこなせば良いと考えている、日本のどこにでもあるような普通の会社というのが最初の印象だったそうです。矢部氏は、3K（きつい、汚い、危険）の仕事への「誇り」と「生きがい」を持てる会社にするために、さまざまな試みを行いました。

7分間の奇跡（写真提供：JR 東日本テクノハート TESSEI）

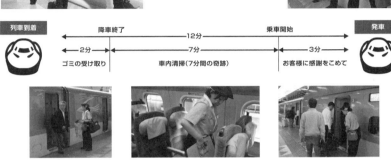

最も重要なのは、従業員に誇りを持って仕事に取り組んでもらうことです。

それまでは、経営陣が行動指針やマニュアルを作成し、そのルールに従って従業員を管理する普通の職場でした。本社は、スタッフの頑張りに対して無関心で、そのことが意欲ある従業員たちの気持ちを削いでしました。矢部氏は、清掃という、どちらかと言えば地味な仕事と組織のビジョンを結びつけるために、「旅の思い出」こそが商品であるとして、「お客様に気持ちよく過ごしてもらうトータルのサービスを提供することが私たちの仕事だ」というビジョンを示しました。このビジョンを実現しようとする従業員のふるまいが、結果として顧客からの感謝の言葉となり、直接、従業員の心に響く励みになったのです。矢部氏はさらに、本社機能を「投資・制度・人事」に特化させ、現状の課題をよく理解して、その解決策も知っている現場のリーダーにその解決を委ねたのです。

サービスを受けるお客様と、仕事を通じてコミュニケーションを取ることができるなら、スタッフはそこから充実感、自信、誇りを得ることができます。

経営母体である会社が、日々の努力をしっかりと評価してくれるなら、それもスタッフにとってのやりがいや、生きる意味につながっていくでしょう。

つまり、それらの要素が揃いさえすれば、奇跡の職場はどこにでも生まれる可能

性があるわけです。もちろん、業種や業態も無関係。必要なことがあるとすれば、そこに人がいて、コミュニケーションを取ることができるということだけです。

（『奇跡の職場 新幹線清掃チームの"働く誇り"』／矢部輝夫［著］／あさ出版／2013年／211ページ）

やる気を起こさせる工夫

こういった成功物語は、ルールを変えればすぐにでも結果が出せると誤解しがちですが、実際には、そこにたどり着くまでには地道な努力があったそうです。職場における誇りと生きがいは1人では持てるものではなく、従業員がチームとして力を合わせることで育まれるものです。いくら一生懸命に仕事をしていても、1つのクレームによってすべてが否定されてしまうこともあり、モチベーションを保つことはそれほど簡単なことではないはずです。

そこで矢部氏は、スタッフのコツコツを拾い上げてお互いの頑張りを認め合う「エンジェルリポート」という制度を作りました。日常におけるちょっとした気配りがきちんと褒められるようになったことで、職場には「誇り」と「生きがい」が徐々に広がっていったそうです。

さらに、意欲の源泉は生活と身分の安定にあるとして、それまでアルバイトとして働いていたスタッフにも、まじめに働いていれば正社員になれる制度を導入しました。

- 「規律」の中の自由
- 明確なトップダウンとボトムアップ
- リスペクトとプライド
- あたたかさ、厳しさ、公平さ

これは、矢部氏がマネージャとして心がけたことだそうです。最初は冷めていた従業員たちも、現場の声に耳を傾け、現場主導で継続的な改善に取り組めるようになったことで、職場に活気が生み出されていったのです。

同社によれば、エンジェルリポートの制度とその根底にあるお互いに認め合う精神は、地道な取り組みを継続的に進化させ、今現在でも綿々と受け継がれており、従業員のモチベーションを高めるうえで、重要な役割を担っているそうです。

7.10
破壊と創造の組織改革
〜松下電器産業[パナソニック]

　2000年、松下電器産業（現・パナソニック）の社長に就任した中村邦夫氏は、カンパニー制の導入やパナソニックブランドへの一本化など、破壊的な構造改革によって業績を回復させました。その背景には「顧客情報を競合他社より早く現金に変える能力こそ企業の競争力である」というアドバイスがありました。

　中村氏が松下電器産業の社長であった時期（2000年6月〜2006年3月）に、経営に関するアドバイスをしていたフランシス・マキナニー氏の著書『松下ウェイ―内側から見た改革の真実』（ダイヤモンド社／2007年）と『日本企業はモノづくり至上主義で生き残れるか―「スーパー現場」が顧客情報をキャッシュに変える』（ダイヤモンド社／2014年）から、次の3つの観点に絞って、中村改革のほんの一部をお伝えします。

* 顧客情報の現金化
* ITへの取り組み方
* グローバルな視点

顧客情報の現金化

　マキナニー氏には、「顧客情報を競合他社より早く現金に変える能力こそ企業の競争力である」という信念があります。そして、企業は顧客の情報から他社よりも早く商品（製品やサービス）を作り、その商品をより早く販売し現金化しなければならないと主張しています。この主張は、「より早くより多くの価値をより少ないコストで顧客に提供する」というリーンの思想に通じるところがあります。

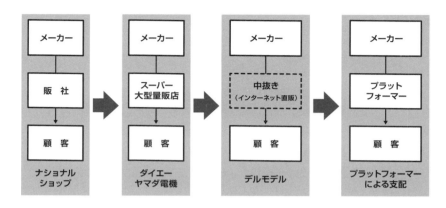

メーカーと消費者の距離

顧客からの情報をより早く入手して現金化するためには、顧客により近いところに位置する必要があります。その位置には、少しずつプラットフォーマーが侵攻しており、コロナ禍によってその勢いはかえって増すばかりです。中村氏が改革に取り組んだのは、ちょうどデルモデルが脚光を浴びていた時代でした。

■ ①顧客からより早く、より多くの情報を入手する

松下電器産業の創業者で経営の神様とも言われる松下幸之助氏もまた、自社製品の販売網を全国に張り巡らせることで流通のスピードを速めるとともに、自社製品に関する判断を下すために必要な情報をその販売網から入手していました。

中村氏もまた、顧客情報がより早く自社の商品に組み込まれる仕組みを実現するために、ITを最大限に活用しました。当時の中村氏を勇気づけたのは、「正しい経営理念を持つと同時に、それに基づく具体的な方針・方策はその時々にふさわしい日に新たなものでなくてはならない」という、創業者 松下幸之助氏の言葉でした。つまり、その時に最もふさわしい方法で顧客の情報を入手すべきであるということです。この言葉を今に適用すれば、インターネットやデジタル技術を駆使して顧客の情報を入手せよということになります。

■ ②商品をより早く販売し、より早く現金化する

キャッシュフローを速くすることも、事業を成功させるために重要な課題で

す。トヨタはリードタイムを短縮することでキャッシュフローを改善しました。デルは、小売店に商品を卸さず、直接顧客からの注文を受けてから商品を組み立てて顧客に届けるという、いわゆるデルモデルと呼ばれる手法によって商品の現金化を驚異的に速めました。当時、最大の競争相手であったコンパック社は、DEC（デジタルイクイップメント社）を買収したばかりで商品を現金化するスピードが遅く、結局、HP（ヒューレット・パッカード社）に買収されることになりました。常に進化しなければならない現代のビジネスにおいて、現金化のスピードは企業の生命線とも言えます。

❖ ❖ ❖

　中村氏は、顧客情報の収集能力を高め、商品化と現金化のスピードを速めるために、「SCM（サプライチェーン管理）」「商品化」「CRM（顧客関係管理）」に関連するITの再構築を最重要課題とし、すべて同時に取り組むことにしました。

中村改革当時の IT 再構築の重要課題

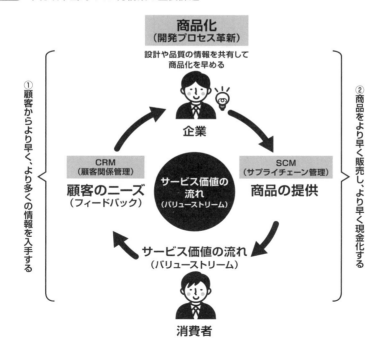

IT への取り組み方

　中村氏には行動力があったと評価されています。IT への取り組みも例外ではありませんでした。社長就任 27 日後に自らが本部長となり、経営幹部全員を IT 改革に参加させました。『松下ウェイ―内側から見た改革の真実』によると、当時の情報システムは次のような状態だったそうです。

- 全社的なシステム最適化が行われていない。伝統的に、すべてが個々の工場や販社レベルで運営されており、統合の試みは行われていなかった
- 経営陣が情報システムに無頓着だった。経営幹部が IT について詳しくなかった
- 情報システム部門の姿勢も受動的だった。何か新しいことを率先してやる者はおらず、ビジネスプロセスの変革を担うエージェントという自覚のある者はほとんどいなかった

　今でも日本企業の多くには、同じような傾向が見受けられるように思われます。中村氏は、バリューストリームに直接影響を与える、3 つの IT 改革をどれだけ重視しているかを強調するために、それぞれの分野に経営幹部を 1 人ずつ割り当て、細かい点まで直接的な責任を負わせるようにしたそうです。

グローバルな視点

　中村氏は社長に就任する前の約 10 年間、主に米国で海外法人社長や海外担当役員を経験し、日本企業が疑問を抱かず維持している高コストの業務プロセスや組織運営を、米国企業が恐ろしいスピードで IT に置き換えていることにショックを受けたそうです。改革を成功に導くためには、世界の動きを身をもって体験してきた人材が必要と考え、グローバルな視点を持った優秀な人材を経営幹部として海外から呼び寄せました。逆の言い方をすれば、日本国内の業務経験だけの人材では視野を広げるにも限界があり、心もとなかったのではないかと思われます。

GDP の推移

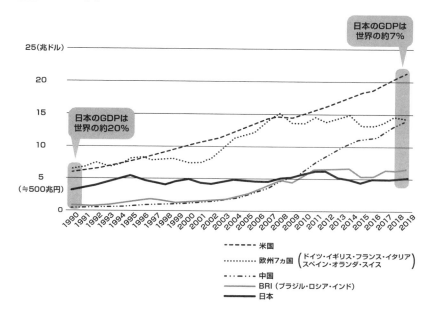

1990 年の日本の GDP は米国に次ぐ 2 位に位置し、そのおおよその比率は米国：欧州：日本 =2:2:1 でした。これは、世界の付加価値の約 20 ％が日本国内で生み出されたことを意味し、かなりの経済力があったことが分かります。しかし、中国をはじめとする新興国 BRICs（ブラジル：Brazil、ロシア：Russia、インド：India、中国：China）が急成長する中で、日本の経済力は相対的に小さくなっています。

2019 年の GDP のおおよその比率は、米国：中国：欧州：日本：BRI=4:3:3:1:1 で、日本の GDP は世界全体の約 7 ％になりました。日本の市場は世界全体から見れば、もはや「おまけの市場」に過ぎないのです。しかも、ガラケー（ガラパゴス化した携帯電話）という言葉が生まれたように、日本国内だけが海外とは異なる別の市場です。日本の市場だけを優先していては、製品はますますガラパゴス化の道を歩み、世界の市場で敗れるのはこれまでの歴史からも明らかです。

松下電器産業も当時、日本の市場を中心とした商品展開を行っていました。中村氏は、新たな市場を開拓できる可能性のある製品を V 商品と名付け、全世界同時に展開したのです。

中村改革の成果とその後

　中村氏が社長に就任した会計年度の 2001 年 3 月決算は、売上高 6 兆 8,766 億円、営業損益 -2,118 億円の赤字決算でしたが、翌年には V 字回復を遂げ、退任した 2007 年 3 月決算は売上高 9 兆 689 億円、営業損益 5,194 億円と業績を回復させました。

　中村氏が社長を退いたのち、リーマンショック、プラズマディスプレイへの大型投資の失敗、三洋電機の買収など、パナソニックが歩んだ道は決して順調なものではなく、会長として経営に関わっていた中村氏に対して厳しい意見がないわけではありません。しかし、経営は結果責任という考え方に基づけば、長期低落傾向にあった巨大企業をよみがえらせた 2000 年から 2006 年にかけての中村改革は称賛されるべきものであると言えます。

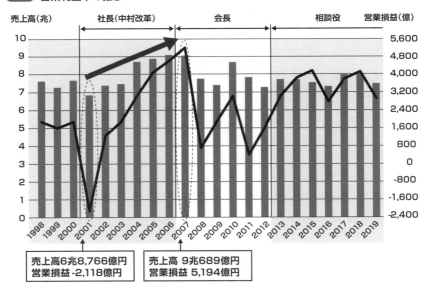

営業利益率の推移

第7章のまとめ

本章では、DX時代における経営のあるべき姿として、次のようなことをお伝えしてきました。

- 共感できるビジョンを示す
- 権限を現場に移譲する
- 経営陣が本気で関与する

■ 共感できるビジョンを示す

経営トップが組織の目指すべき方向性を示し、判断と行動のための指針と優先度を伝える必要があります。その企業が人間の幸福にどのように貢献していくかを明確に伝えることができれば、消費者はその商品を気持ちよく利用できますし、従業員もやりがいをもって仕事に取り組むことができます。

■ 権限を現場に委譲する

従業員を満足させることができなければ、顧客を満足させることはできません。経営層は明確なビジョンとそれを実現するための指針を示した上で、適切な判断と行動が行えるように十分な教育と情報を提供し、権限を委譲すべきです。現場における責任と権限を与えられた従業員は、モチベーションを持って適切な行動を取ることができるので、結果として顧客を満足させることができます。

■ 経営者が本気で関与する

競争が激化するDX時代においては、経営トップが本気で取り組まない限り、他社より良いサービスを提供することはできません。それは、ITサービスを外部に提供している組織だけではなく、他の業種の企業でも、社内のITサービスを進化させなければ、本業で不利な立場に追い込まれるでしょう。なぜなら、今やITは企業の成長を支える原動力になっているからです。

世界のあらゆる企業がネットワークを介して市場に参入する時代には、他よ

りも早く進化しなければなりません。サービスマネジメントは経営者が本気で
取り組むべきテーマになりました。従業員にやる気を与え、組織の壁を取り除
き、できるだけ早く顧客に価値を届ける必要があります。その価値の流れを妨
害するさまざまな制約がありますが、組織の中でそのどれにでも対応できるの
は経営者ただ1人なのです。経営者は明確なビジョンとそれを実現するための
指針を示した上で、顧客のニーズに迅速かつ柔軟に対応できるように現場に権
限を委譲すべきです。そして、適切な判断と行動ができるよう、従業員には十
分な教育と情報を提供することが求められています。

DX 時代に生き残るための課題

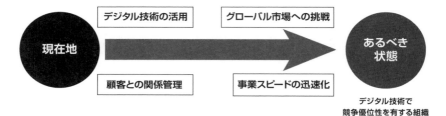

本書のまとめ

リーンが再び世界を変える

　1980年から2000年にかけて海を越えて世界中に広まった、高品質な製品を低コストで製造するリーンの波は、自動車産業だけでなく製造業を中心に世界各地に広まっていきました。30年の時を経た今、ごく少数のプラットフォーマーがリーンを究め、世界中のあらゆる産業を飲み込もうとしています。

　リーンが世界に羽ばたくきっかけとなったトヨタとGMの合弁企業NUMMIの工場は、2010年に発表されたトヨタとテスラ・モーターズ（以下、「テスラ」と記述）の電気自動車共同開発プロジェクトの一環として、テスラに破格の値段で売却されました。2014年、RAV4 EVの共同プロジェクトは突如として終了しました。その理由は、物づくりに対する両社の考え方の違いや、お互いが自身の中核技術をブラックボックス化して公開できなかったからと言われています。トヨタの寺師茂樹副社長は『DIAMONDハーバード・ビジネス・レビュー』誌のインタビューの中で、当時のことを次のように振り返っています。

　最初にガソリンエンジンのRAV4を渡して、テスラがそれをEVに改造したのですが、トヨタの五分の一くらいの期間でEV化してしまったので「すごい早さですね」と驚いたら、「一週間前にはできていたけど、今日まで検査していた」と言うので、二度びっくりです。

　（「トヨタは、生き残りを賭けて、協調し、競争する」／『DIAMONDハーバード・ビジネス・レビュー』2019年2月号／ダイヤモンド社／89ページ）

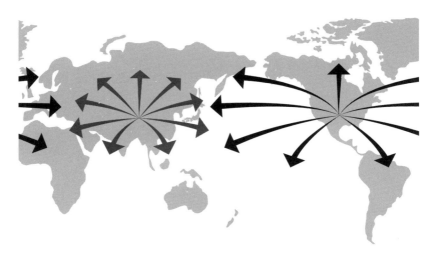

米国や中国のプラットフォーマーから提供される進化の早いサービス

テスラの技術革新のスピードは、自動車メーカーよりもグーグルやアマゾンに似ていると言われています。そして、完全自動運転機能付きの自動車をサブスクリプション型のサービスで提供するという将来構想があります。NUMMIの工場のあった敷地には現在、テスラファクトリーと呼ばれる工場が建設され、テスラモデル3を製造しているそうです。

テスラの株式時価総額は、2020年7月の時点でトヨタを上回り、自動車業界で1位になりました。2019年におけるトヨタの販売台数が約1,074万台なのに対して、テスラのそれは約36万台です。しかし、EVの市場だけ切り取ると、テスラが他社を圧倒しています。また、数多くの中国の自動車メーカーも不気味な存在です。グラフに現れてこないEV市場の半分近くは自動車メーカー以外からの参入と類推され、生き残りを賭けた激しい競争がすでに始まっています。

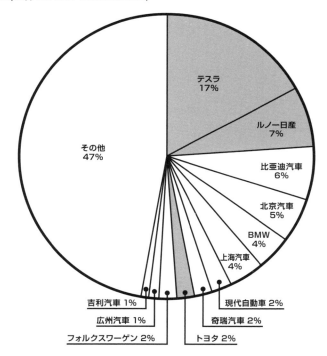

2019 年の EV 市場のシェア（ルノー日産は、日産、ルノー、三菱の合算）（EV-volumes.com のデータを元に筆者が作成）
https://www.ev-volumes.com/

自動車の市場は EV だけではなく、自動運転の分野においても激しい先陣争いが繰り広げられています。リーンの卓越性を誰よりも早く認識し、その名づけ親となったクラフチック氏は、現在、自動運転技術で知られているグーグル系の会社ウェイモ（Waymo）の CEO を務めています。ウェイモは 2018 年に、米アリゾナ州の一部地域で自動運転車による配車サービスを開始しました。それは、日本にとって最も重要な産業の 1 つである自動車産業を、人やモノを移動させるサービス産業に置き換えるための、最初の一歩なのかもしれません。

DX 時代のサービスマネジメント

経済産業省が 2018 年に公表した DX レポートによって、AI、ビッグデータ、IoT などのデジタル技術が脚光を浴びるようになりました。たしかに、デジタ

ル技術を有効に活用した企業が競争優位性を獲得することになるでしょう。ただ、よほど突出した技術でも持たない限り、それだけで事業を成功させることはできません。なぜなら、情報の伝播スピードが速いため、利益が出そうな事業には、数多くの企業が参入してくるからです。DX 時代に事業を成功に導くためには、組織とIT サービスをより早く進化させなければなりません。それが、DX 時代に求められるサービスマネジメントなのです。

■■ 顧客とのエンゲージメントが不可欠

商品のコモディティ化が進み、機能や品質での差別化が困難になりつつある現状では、顧客体験やユーザー体験など、顧客の商品に対する情緒的価値をいかに創造するかが鍵になります。サービス提供者が目先の利益に囚われず、サービスを通して利害を一致させることができれば、双方が継続的に価値を獲得し続けることができます。

その一方で、現実には大手プラットフォーマーがサービス消費者の気づかないところで個人情報をかき集め、その会社の商品を中心としたエコシステムをさらに拡大しようとしています。このような環境の中で企業が生き残るためには、顧客との信頼関係を築いたり、ビジネスモデルを継続的に進化させたりすることによって、市場における競争優位性を維持していかなければなりません。

■■ 価値の流れを太くて速いものにする

IT の進化によって、事業のスピードはますます加速しています。世界規模の競争で生き残るためには、組織の壁を取り除き、価値の流れを太くて速いものにする必要があります。IT サービスによる価値提供を早めるためには、進化のスピードを抑制する、次の領域を改革する必要があります。

- アプリケーション開発（アジャイル開発）
- サービスリリース（継続的デリバリー）
- 運用からのフィードバック（積極的な監視）

競争相手より早く進化するためには、プロトタイピングとフィードバックの改善サイクルを高速に回転させる必要があります。アプリケーション開発を外部に委託し、ウォーターフォール型の開発をしていては事業のスピードを速め

るにしても限界があります。ユーザー企業とIT企業の現在の関係をどのよう
に進化させるかがこれからの課題です。

■ 世界規模で考える

　2020年3月、トヨタと日本電信電話（NTT）が、スマートシティビジネス
における業務資本提携を発表しました。同年4月時点における両社の株式時価
総額の合計は、約300B\$（約30兆円）です。

　一方、GAFAの中で最も少ないフェイスブックの株式時価総額でさえ、
2020年3月末の時点で475B\$（約50兆円）もあり、投入できる資金の規模
が違います。しかも、日本のIT競争力は低いだけでなく、進化のスピードが
遅いのです。この事実を私たちは真摯に受け止める必要があります。

　コモディティ化の速い現代社会において、顧客体験に注目したり、個人情報
を収集して分析したりすることの重要性がますます増してきています。大手の
プラットフォーマーは、我々の知らないところですでに膨大な個人情報を収集
し終えています。国境のない競争においては、日本の市場だけを見ていては生
き残れません。

● 先進企業の株式時価総額の推移（2020）

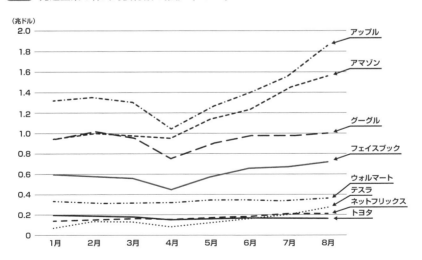

■■■ アフターコロナの時代

　上のグラフは、2020年に入ってからの本書で取り上げた企業の株式時価総額の推移です。1月から8月で比較すると、コロナ禍の中にあるにもかかわらず、トヨタ以外は8月のほうが上回っています。ネット企業が有利な環境であることも重なり、さらに勢いを加速している企業さえあります。

　ただ、トヨタの名誉のために一言加えると、伝統的な自動車メーカーの中で2020年4月～6月期で黒字になったのはトヨタだけでした。驚くべきは、「リーマンショック時よりも200万台以上、損益分岐点を下げることができた」という豊田章男社長の言葉です。2019年のグループの年間販売台数が1,074万台という規模で、損益分岐点を200万台以上押し下げるというのは並大抵のことではありません。日頃の地道な改善活動によってムダをそぎ落としてきた結果であることは明らかです。トヨタは今でも愚直と思えるほどリーンを追求しているのです。

　グーグルやフェイスブックなどの巨大プラットフォーマーは、今この瞬間もビッグデータが生み出す価値によって、世界中から富を吸い上げています。私たちはDX時代を生き抜くために、あるべき状態に向かって進化を止めてはなりません。『トヨタ生産方式―脱規模の経営をめざして』を著した大野耐一氏は、昭和の香りの残る鬼十訓（付録4）の中で次のような言葉を残しました。

　「できる」とまず言え。そこに方法が見つかる。

　（『トヨタ式 鬼十訓 私が大野耐一から学んだこと』／若松義人［著］／あさ出版／2007年／2-3ページ）

　できない理由はごまんとあります。けれども、日本の高度成長期を支えた起業家たちが「DX時代に生き残るためには、リスクを取って果敢に挑戦しなければならない」と叱咤しているように思えるのです。

付録 1　アジャイルソフトウェア開発宣言（Agile Manifesto）

私たちは、ソフトウェア開発の実践あるいは実践を手助けをする活動を通じて、よりよい開発方法を見つけだそうとしている。この活動を通して、私たちは以下の価値に至った。

プロセスやツールよりも個人と対話を、
包括的なドキュメントよりも動くソフトウェアを、
契約交渉よりも顧客との協調を、
計画に従うことよりも変化への対応を、

価値とする。すなわち、左記のことがらに価値があることを認めながらも、私たちは右記のことがらにより価値をおく。

Kent Beck, Mike Beedle, Arie van Bennekum, Alistair Cockburn, Ward Cunningham, Martin Fowler, James Grenning, Jim Highsmith, Andrew Hunt, Ron Jeffries, Jon Kern, Brian Marick, Robert C. Martin, Steve Mellor, Ken Schwaber, Jeff Sutherland, Dave Thomas

© 2001, 上記の著者たち
この宣言は、この注意書きも含めた形で全文を含めることを条件に自由にコピーしてよい。

[オリジナル（英語）] https://agilemanifesto.org/
[日本語訳] https://agilemanifesto.org/iso/ja/manifesto.html

付録 2　アジャイル宣言の背後にある原則

私たちは以下の原則に従う：

- 顧客満足を最優先し、価値のあるソフトウェアを早く継続的に提供します。
- 要求の変更はたとえ開発の後期であっても歓迎します。変化を味方につけることによって、お客様の競争力を引き上げます。
- 動くソフトウェアを、2-3 週間から 2-3 ヶ月というできるだけ短い時間間隔でリリースします。
- ビジネス側の人と開発者は、プロジェクトを通して日々一緒に働かなければなりません。
- 意欲に満ちた人々を集めてプロジェクトを構成します。環境と支援を与え仕事が無事終わるまで彼らを信頼します。
- 情報を伝えるもっとも効率的で効果的な方法はフェイス・トゥ・フェイスで話をすることです。
- 動くソフトウェアこそが進捗の最も重要な尺度です。
- アジャイル・プロセスは持続可能な開発を促進します。一定のペースを継続的に維持でき

るようにしなければなりません。

・技術的卓越性と優れた設計に対する不断の注意が機敏さを高めます。
・シンプルさ（ムダなく作れる量を最大限にすること）が本質です。
・最良のアーキテクチャ・要求・設計は、自己組織的なチームから生み出されます。
・チームがもっと効率を高めることができるかを定期的に振り返り、それに基づいて自分たちのやり方を最適に調整します。

［オリジナル（英語）］https://agilemanifesto.org/principles.html
［日本語訳］https://agilemanifesto.org/iso/ja/principles.html

付録3　新規テクノロジー用語集

この用語集は、『企業IT動向調査報告書2020』（日本情報システム・ユーザー協会［JUAS］）に記された新規テクノロジーの説明に基づいています。

●基盤系テクノロジー

① IoT

各種機器や家電、乗り物など身の回りのさまざまな「モノ」がインターネットやクラウドに接続され、情報交換することにより相互に制御する仕組みである。

② AR（拡張現実）・VR（仮想現実）

AR（拡張現実）は実空間にデジタル情報を重ねることで現実を拡張してみせるテクノロジー、VR（仮想現実）は人間の五感を含む感覚を作り出すテクノロジーである。

③ウェアラブルデバイス

腕や頭部などの身体に装着して利用することを想定した端末（デバイス）であり、時計型やリストバンド型などさまざまな製品が登場している。

④ AI

人間の脳が行っている動きをコンピュータ上で模倣したソフトウェアやシステムを指す。

⑤ロボット

対話を通して人とコミュニケーションを図る人間型ロボット、および工場で活用されている産業用ロボットなどとしている。

⑥ SDx

ネットワークやストレージを集中的に管理することで、柔軟な設定変更を実現するテクノロジーである。Software Defined Networking（SDN）や、Software Defined Storage（SDS）などがある。

⑦ドローン

遠隔操作や自動制御によって飛行できる小型の無人航空機の総称である。

⑧ プライベート・クラウド

自社独自にサーバ機器などを設置して、それを社内あるいは関連会社で利用するクラウドの利用形態である。

⑨パブリック・クラウド（IaaS、PaaS）

一般利用者を対象にインフラストラクチャやプラットフォーム環境をクラウド形式で提供するサービスを指す（「Infrastructure as a Service」「Platform as a Service」）。

⑩ブロックチェーン

情報をブロック単位で保存し、そのブロックを鎖状につなげて保存していくデータベースのことをいう。鎖状にデータを保存していくことによってハッキングや改ざんを防止するため、信頼性が高いことが特徴であり、安全な個人間取引を可能にするといった利点がある。

⑪モバイルデバイスマネジメント

社内で利用するスマートフォンなどの携帯端末を統合的に管理運営するためのソフトウェアである。

● アプリケーション・システム

⑫パブリック・クラウド（SaaS）

パッケージ製品として提供されていたようなソフトウェアを、一般利用者を対象にサービスとして提供・利用する形態のことを指す（「Software as a Service」）。

⑬タレントマネジメント

人材の採用、選抜、適材適所、リーダーの育成・開発、評価、報酬、後継者養成などの人材マネジメントのプロセスを支援するシステムである。

⑭経営ダッシュボード

企業内の各種データから重要な情報を集約し、経営者に対して数値やグラフなどで視覚化して表示するシステムである。

⑮マスターデータ管理

企業やグループ企業において、中核となる情報（マスターデータ）の整合性、正確性、管理、責任を確保するための仕組みである。

⑯ビッグデータ

通常のデータベースでは扱えないほど巨大なデータの集合体であり、そのデータから新たな相関関係を持つ情報を導き出す手法である。

⑰モバイルアプリケーション

スマートフォンなどの携帯端末向けに開発されたアプリケーションの総称である。

⑱ RPA

ルールエンジンや AI、機械学習といった高性能な認知技術を用いることによって実現する、業務の自動化・効率化のソフトウェアロボット全体のことをいう（「Robotic Process Automation」）。

⑲ビジネスチャット

主に業務連絡、コミュニケーション用ツールやサービスの総称である。

⑳ボイスインターフェイス

ユーザーが音声や会話によって端末機器やアプリケーションを操作することである。

㉑スマホ決済

ユーザーが支払いに際し、現金を出す代わりにスマートフォン（スマホ）を利用して支払いを済ませる方法であり、主に非接触 IC を利用した決済と QR コードを利用した決済の2 つがある。

●方法論・フレームワーク

㉒エンタープライズアーキテクチャー（EA）

組織の資源配置や業務手順、情報システムなどの標準化、全体最適化を進め、効率化や価値創造を実現するための設計手法である。

㉓ ITIL®

IT サービスマネジメントの実現を目指して、システムの運用管理手法や成功事例を包括的にまとめたガイドラインである（「Information Technology Infrastructure Library」）。

㉔ DevOps

ソフトウェアの開発部門と運用部門が緊密に連携し合うことで、より迅速にシステム開発を進めていく開発手法である（「Development and Operations」）。

㉕デザイン思考

イノベーションを達成する手法・考え方の 1 つであり、ステークホルダーの満足度をベースに、試行錯誤しながら課題解決を目指す思考法である。

㉖マイクロサービス

複数の独立した機能を組み合わせることで、1 つの処理を実現するアーキテクチャーである。

付録 4　大野耐一の鬼十訓

1. 君はコストだ。まずムダを削れ。それなくして能力は展開できない。
2. 始めたらねばれ。できるまでやめるな。中途半端はクセになる。
3. 困れ。困らせろ。安易を好む人と決定的な能力格差がつく。
4. ライバルは君より優秀だ。すなわち君は「今」始めることでのみ勝てる。
5. 仕事に痕跡を刻め。十割命じられても十一割めを自前の知恵でやれ。
6. 平伏させず心服させろ。そのためにはだれよりも長い目で人を見ることだ。
7. 「できる」とまず言え。そこに方法が見つかる。
8. 失敗を力にしろ。真の自信そして運さえリカバリーから生まれる。
9. 労働強化を避けよ。人間「ラクになるには」に一番頭が働く。
10. お客の叱声は成功の呼び声だ。逃すな。いじけるな。考え抜け。

『トヨタ式 鬼十訓 私が大野耐一から学んだこと』（若松義人［著］／あさ出版／ 2007 年）より

参考文献、ウェブサイト（敬称略）

できるだけ新鮮な情報をお届けするために、数多くの文献、ウェブサイトを参照させていただきました。ここには、本書の内容に大きく影響を与えた文書を中心にリストしています。

●第1章　デジタル革命の時代
参考文献
・『市場を変えろ　既存産業で奇跡を起こす経営戦略』（永井俊輔［著］／かんき出版／ 2019年）
ウェブサイト
・『グローバルコミュニケーション計画 2025』（総務省）
　https://www.soumu.go.jp/main_content/000678485.pdf
・『DX レポート～ IT システム「2025 年の崖」克服と DX の本格的な展開』（経済産業省）
　https://www.meti.go.jp/shingikai/mono_info_service/digital_transformation/20180907_report.html
・『9 人月分の働きをするアスクルの AI チャットボット「マナミさん」「アオイくん」運用の裏側』（ネットショップ担当者フォーラム／インプレス）
　https://netshop.impress.co.jp/node/6503
・『みらい翻訳プラットフォーム 音声翻訳 API サービス』（みらい翻訳）
　https://miraitranslate.com/service/voice/
・『回転すしチェーン店のビッグデータ活用が凄い！』（ビジネスラボ）
　https://blab.jp/blog/?p=2661
・『コマツ産機 稼働管理システム「KOMTRAX」』（コマツ産機）
　https://sanki.komatsu/komtrax/
・『ESASY（エサシー）- リアル店舗トラッキング・計測カメラ』（クレスト）
　https://crestnet.jp/retailtech/esasy/
・『ビザスク 端羽英子社長が語る世界中の知見をつなぐプラットフォームの可能性と今後の展望』（KeyPlayers）
　https://keyplayers.jp/archives/16276/
・『私が社長になった理由－端羽 英子さん－』（note）
　https://note.com/iwamin_nana/n/n5c2d12bcc32e

●第2章　サービスマネジメントとは何か
参考文献
・『ITIL(R) Foundation: ITIL 4 Edition』（AXELOS Limited ［著］ ／ The Stationery Office ／ 2019 年）
・『無印良品は、仕組みが9割　仕事はシンプルにやりなさい』（松井忠三［著］／角川書店／2013年）
・『現場論「非凡な現場」をつくる論理と実践』（遠藤功［著］／東洋経済新報社／ 2014 年）
・『セブン - イレブンとヤマト運輸の IT 戦略分析―業界リーダーが持続的競争力をつくるメカニズム』（向正道［著］／中央経済社／ 2018 年）
・『「実践！ IT サービスマネジメント　第 2 回」SLA を基盤に意識改革　障害対応の組織力を高める』（「日経コンピュータ」2007 年 1 月 22 日号）
・『「特集　常識破りの運用コスト削減策」保守を打ち切る』（「日経コンピュータ」2010 年

5月26日号)
・『「特集　それでもシステムは止まる」Part2　無駄な高可用性をやめる』（「日経 SYSTEM」2015年7月号）

ウェブサイト

・『「実践！ IT サービスマネジメント　第2回」SLA を基盤に意識改革，障害対応の組織力を高める』（日経クロステック）
https://tech.nikkeibp.co.jp/it/article/COLUMN/20080304/295374/
・『「常識破りの運用コスト削減策」保守を打ち切る』（日経クロステック）
https://tech.nikkeibp.co.jp/it/article/COLUMN/20100826/351502/
・『「それでもシステムは止まる」適正レベルを利用部門と合意、東京海上は4ランクに分ける　PART2　無駄な高可用性をやめる』（日経クロステック）
https://active.nikkeibp.co.jp/atclact/active/15/120100144/120100002/

●第3章　リーンとは何か

参考文献

・『Triumph of the Lean Production System（リーン生産方式の勝利）』（ジョン・クラフチック［著］／1988年）
・『リーン生産方式が、世界の自動車産業をこう変える。―最強の日本車メーカーを欧米が追い越す日』（ジェームズ・P・ウォマック、ダニエル・T・ジョーンズ、ダニエル・ルース［著］／沢田博［訳］／経済界／1990年）
（原書：『Machine that Changed the World』／1990年）
・『トヨタ生産方式にもとづく「モノ」と「情報」の流れ図で現場の見方を変えよう!!』（マイク・ローザー、ジョン・シュック［著］／成沢俊子［訳］／日刊工業新聞社／2001年）
（原書：『VSM Participant Guide for Training to See: A Value Stream Mapping Workshop』／2000年）
・『トヨタ生産方式―脱規模の経営をめざして』（大野耐一［著］／ダイヤモンド社／1978年）
・『トヨタのカタ　驚異の業績を支える思考と行動のルーティン』（マイク・ローザー［著］／稲垣公夫［訳］／日経 BP ／2016年）
（原書：『Toyota Kata: Managing People for Improvement, Adaptiveness and Superior Results』／2009年）
・『ザ・トヨタウェイ　サービス業のリーン改革（上巻・下巻）』（ジェフリー・ライカー、カーリン・ロス［著］／稲垣公夫、成沢俊子［訳］／日経 BP ／2019年）
（原書：『The Toyota Way to Service Excellence: Lean Transformation in Service Organizations』／2016年）
・『トヨタ生産方式の原点』（大野耐一［著］／日本能率協会マネジメントセンター／2014年）

●第4章　価値共創の時代

参考文献

・『「すぐやる」ヒロセ電機が開く新領域』（「日経ビジネス」2018年10月15日号）
・『関係性マーケティングの構図』（和田充夫［著］／有斐閣／1998年）
・『意味的価値の創造：コモディティ化を回避するものづくり』（延岡健太郎［著］／「国民経済雑誌」194 (6)／2008年）

- 『コモディティ化市場のマーケティング論理』／恩蔵直人［著］／有斐閣／ 2007 年
- 『コトラーのマーケティング 3.0　ソーシャル・メディア時代の新法則』（フィリップ・コトラー、ヘルマワン・カルタジャヤ、イワン・セティアワン［著］／恩蔵直人［監訳］／藤井清美［訳］／朝日新聞出版／ 2010 年）
  （原書：『Marketing 3.0: From Products to Customers to the Human Spirit』／ 2010 年）
- 『コトラーのマーケティング 4.0　スマートフォン時代の究極法則』（フィリップ・コトラー、ヘルマワン・カルタジャヤ、イワン・セティアワン［著］／恩蔵直人［監訳］／藤井清美［訳］／朝日新聞出版／ 2017 年）
  （原書：『Marketing 4.0: Moving from Traditional to Digital』／ 2016 年）
- 『サービス・ドミナント・ロジックの発想と応用』（ロバート・F・ラッシュ、スティーブン・L・バーゴ［著］／井上崇通［監訳］／庄司真人、田口尚史［訳］／同文舘出版／ 2016 年）
  （原書：『Service-Dominant Logic: Premises, Perspectives, Possibilities』／ 2014 年）
- 『サービス・ドミナント・ロジックの進展』（田口尚史［著］／同文舘出版／ 2017 年）
- 『文脈視点による価値共創経営：事後創発的ダイナミックプロセスモデルの構築にむけて』（藤川佳則、阿久津聡、小野譲司［著］／「組織科学」第 46 巻 第 2 号／ 2012 年）
- 『プラットフォーマー 勝者の法則　コミュニティとネットワークの力を爆発させる方法』（ロール・クレア・レイエ、ブノワ・レイエ［著］／根来龍之［監訳］／門脇弘典［訳］／日本経済新聞出版／ 2019 年）
  （原書：『Platform Strategy: How to Unlock the Power of Communities and Networks to Grow Your Business』／ 2017 年）
- 『amazon　世界最先端の戦略がわかる』（成毛眞［著］／ダイヤモンド社／ 2018 年）
- 『デザイン思考が世界を変える』（ティム・ブラウン［著］／千葉敏生［訳］／早川書房／ 2014 年）
  （原書：『How Design Thinking: Transforms Organizations and Inspires Innovation』／ 2009 年）
- 『THIS IS SERVICE DESIGN THINKING.: Basics - Tools – Cases—領域横断的アプローチによるビジネスモデルの設計』（マーク・スティックドーン、ヤコブ・シュナイダー［著］／郷司陽子［訳］／長谷川敦士、武山政直、渡邉康太郎［監修］／ビー・エヌ・エヌ新社／ 2013 年）
  （原書：『This is Service Design Thinking: Basics, Tools, Cases』／ 2010 年）
- 『真実の瞬間—SAS（スカンジナビア航空）のサービス戦略はなぜ成功したか』（ヤン・カールソン［著］／堤猶二［訳］／ダイヤモンド社／ 1990 年）
  （原書：『Moments of Truth』／ 1989 年）

ウェブサイト
- 『Service-Dominant Logic: A New Logic for Business』（スティーブン・L・バーゴ［著］／ 2016 年）
  https://www.sdlogic.net/uploads/3/4/0/3/34033484/bayreuth_shared_economy_2016.short.pdf
- 『サービスデザイン実践ガイドブック』（政府 CIO ポータル）
  https://cio.go.jp/node/2421
- 『デジタル広告の取引実態に関する中間報告書』（公正取引委員会）
  https://www.kantei.go.jp/jp/singi/digitalmarket/kyosokaigi_wg/dai12/

siryou2-2.pdf
- 『データマネジメント大賞』初受賞［ANA NEWS］)』（ANA ホールディングス）
  https://www.anahd.co.jp/group/pr/201903/20190308.html
- 『「企業データ基盤」はこう創る！― ANA の"顧客体験基盤"構築の要諦』（IT Leaders）
  https://it.impressbm.co.jp/articles/17328
- 『「日常から旅の終わりまで」接点つなぐ顧客体験価値向上へ』（Club Unisys ／日本ユニシス）
  https://cu.unisys.co.jp/hairpin/ana_ce_value_improvement/
- 『空飛ぶ高級旅館を目指せ、ANA の命運握る IT 基盤刷新の全貌』（日経クロステック）
  https://xtech.nikkei.com/atcl/nxt/column/18/00732/050200005/

テレビ放送
- クローズアップ現代「人事・転職ここまで⁉ AI があなたを点数化」（NHK ／ 2019 年 10 月 29 日放送）
- NHK スペシャル「さよならプライバシー」（NHK ／ 2020 年 4 月 12 日放送）

●第 5 章　IT プロセスのリーン化

参考文献
- 『リーン・スタートアップ』（エリック・リース［著］／伊藤穣一、井口耕二［訳］／日経 BP ／ 2012 年）
  （原書：『The Lean Startup: How Today's Entrepreneurs Use Continuous Innovation to Create Radically Successful Businesses』／ 2011 年）
- 『ザ・ゴール―企業の究極の目的とは何か』（エリヤフ・ゴールドラット［著］／三本木亮［訳］／ダイヤモンド社／ 2001 年）
  （原書：『The Goal』／ 1984 年）
- 『リーンソフトウエア開発―アジャイル開発を実践する 22 の方法―』（メアリー・ポッペンディーク、トム・ポッペンディーク［著］／平鍋健児、高嶋優子、佐野建樹［訳］／日経 BP ／ 2004 年）
  （原書：『Lean Software Development: An Agile Toolkit』／ 2003 年）
- 『リーン開発の本質』（メアリー・ポッペンディーク、トム・ポッペンディーク［著］／高嶋優子、天野勝、平鍋健児［訳］／日経 BP ／ 2008 年）
  （原書：『Implementing Lean Software Development: From Concept to Cash』／ 2006 年）
- 『カンバン　ソフトウェア開発の変革　Improving Service Delivery in Technology Business』（デビッド・J・アンダーソン［著］／長瀬嘉秀、永田渉［監訳］／テクノロジックアート［訳］／リックテレコム／ 2014 年）
  （原書：『Kanban: Successful Evolutionary Change for Your Technology Business』／ 2010 年）
- 『アジャイルサムライ――達人開発者への道』（ジョナサン・ラスマセン［著］／西村直人、角谷信太郎［監訳］／近藤修平、角掛拓未［訳］／オーム社／ 2011 年）
  （原書：『The Agile Samurai: How Agile Masters Deliver Great Software』／ 2010 年）
- 『SCRUM BOOT CAMP THE BOOK』（西村直人、長瀬美穂、吉羽龍太郎［著］／翔泳社／ 2013 年）

・『カイゼン・ジャーニー　たった1人からはじめて、「越境」するチームをつくるまで』（市谷聡啓、新井剛［著］／翔泳社／ 2018 年）
・『継続的デリバリー　信頼できるソフトウエアリリースのためのビルド・テスト・デプロイメントの自動化』（Jez Humble、David Farley［著］／和智右桂、高木正弘［訳］／アスキードワンゴ／ 2017 年）
（原書：『Continuous Delivery: Reliable Software Releases through Build, Test, and Deployment Automation』／ 2010 年）
・『The DevOps ハンドブック　理論・原則・実践のすべて』（ジーン・キム、ジェズ・ハンブル、パトリック・ボア、ジョン・ウィリス［著］／長尾高弘［訳］／榊原彰［監修]／日経 BP ／ 2017 年）
（原書：『The DevOps Handbook: How to Create World-Class Agility, Reliability, and Security in Technology Organization』／ 2016 年）
・『The Art of Monitoring』（ジェームズ・ターンブル［著］／ Kindle Edition ／ 2016 年)
・『ジョイ・インク　役職も部署もない全員主役のマネジメント』（リチャード・シェリダン［著］／原田騎郎、安井力、吉羽龍太郎、永瀬美穂、川口恭伸［訳］／翔泳社／ 2016 年）
（原書：『Joy, Inc.: How We Built a Workplace People Love』／ 2015 年）

ウェブサイト
・『フェイスブック社における開発と展開』
https://www.researchgate.net/publication/260493613_Development_and_Deployment_at_Facebook
・「Rapid release at massive scale」（チャック・ロッシ［著］／ 2017 年）
https://engineering.fb.com/2017/08/31/web/rapid-release-at-massive-scale/
・『フェイスブックのアクティブユーザー数の推移』
https://www.statista.com/statistics/264810/number-of-monthly-active-facebook-users-worldwide/
・『DevOps のパフォーマンスに関する DORA のレポート（Accelerate State of DevOps 2019）』
https://services.google.com/fh/files/misc/state-of-devops-2019.pdf
・『アジャイルソフトウェア開発宣言（Manifesto for Agile Software Development)』
https://agilemanifesto.org/ （オリジナル［英語］）
https://agilemanifesto.org/iso/ja/manifesto.html （日本語訳）
・『アジャイル宣言の背後にある原則（Principles behind the Agile Manifesto)』
https://agilemanifesto.org/principles.html （オリジナル［英語］）
https://agilemanifesto.org/iso/ja/principles.html （日本語訳）

●第 6 章　進化する IT の世界
参考文献
・『NETFLIX コンテンツ帝国の野望―GAFA を超える最強 IT 企業―』（ジーナ・キーティング［著］／牧野洋［訳］／新潮社／ 2019 年)
（原書：『Netflixed: The Epic Battle for America's Eyeballs』／ 2012 年）
ウェブサイト
・APIbank

https://www.apibank.jp/
・『企業 IT 動向調査報告書』（日本情報システム・ユーザー協会［JUAS］）
　https://juas.or.jp/library/research_rpt/it_trend/

●第 7 章　DX 時代における経営

参考文献

・『新幹線お掃除の天使たち ～「世界一の現場力」はどう生まれたか？～』（遠藤功［著］
　／あさ出版／ 2012 年）
・『奇跡の職場　新幹線清掃チームの "働く誇り"』（矢部輝夫［著］／あさ出版／ 2013 年）
・『THE VISION あの企業が世界で急成長を遂げる理由』（江上隆夫［著］／朝日新聞出版／
　2019 年）
・『会社の業績がみるみる伸びる「社員満足 (ES)」の鉄則』（志田貴史［著］／総合法令出版
　／ 2009 年）
・『従業員の自由と責任を両立させる経営』（ランジェイ・グラティ［著］／「DIAMOND ハー
　バード・ビジネス・レビュー」2018 年 8 月号）
・『「よい職場」が競争力を生む』『従業員への投資が業績改善につながる』（ゼイネップ・ト
　ン［著］／「DIAMOND ハーバード・ビジネス・レビュー」2018 年 8 月号）
・『松下ウェイ─内側から見た改革の真実』（フランシス・マキナニー［著］／沢崎冬日［訳］
　／ダイヤモンド社／ 2007 年）
・『日本企業はモノづくり至上主義で生き残れるか─「スーパー現場」が顧客情報をキャッシュ
　に変える～』（フランシス・マキナニー［著］／倉田幸信［訳］／ダイヤモンド社／ 2014 年）
　（原書：『Super Genba: Ten Things Japanese Companies Must Do to Gain Global
　Competitiveness』／ 2014 年）
・『みずほ銀行システム統合、苦闘の 19 年史　史上最大の IT プロジェクト「3 度目の正直」』
　（日経コンピュータ、山端宏実、岡部一詩、中田敦、大和田尚孝、谷島宣之［著］／日経
　BP ／ 2020 年）
・『［インタビュー］トヨタは、生き残りを賭けて、協調し、競争する（トヨタ自動車 取締
　役 副社長　寺師茂樹）』（「DIAMOND ハーバード・ビジネス・レビュー」2019 年 2 月号）
・『トヨタ式 鬼十訓　私が大野耐一に学んだこと』（若松義人［著］／あさ出版／ 2007 年）

ウェブサイト

・『世界最先端デジタル国家創造宣言・官民データ活用推進基本計画（案）概要』
　http://www.kantei.go.jp/jp/singi/it2/dai78/gijisidai.html
・『Putting the Service-Profit Chain to Work』（Harvard Business Review）
　https://hbr.org/2008/07/putting-the-service-profit-chain-to-work
・『ビジョン浸透は「発信型」から「着信型」へ』（リクルートマネジメントソリューションズ）
　https://www.recruit-ms.co.jp/issue/feature/soshiki/201112/
・『DX 推進指標』
　https://www.ipa.go.jp/ikc/info/dxpi.html（情報処理推進機構）
　https://www.meti.go.jp/press/2019/07/20190731003/20190731003.html（ 経
　済産業省）

各種統計情報

・『企業 IT 動向調査報告書』（日本情報システム・ユーザー協会［JUAS］）

https://juas.or.jp/library/research_rpt/it_trend/
・『The IMD World Digital Competitiveness Ranking 2019 results』（IMD）
  https://www.imd.org/wcc/world-competitiveness-center-rankings/world-digital-
  competitiveness-rankings-2019/
・『「日本企業のデジタル化への取り組みに関するアンケート調査」結果速報』（NTT データ
  経営研究所）
  https://www.nttdata-strategy.com/newsrelease/190820.html
・『IT 企業の売上高・営業利益ランキング』（Neri Marketing）
  https://nerimarketing.net/itcompany-salesranking/
・『国内企業における「攻めの IT 投資」実態調査結果について』（JEITA だより Vol.13
  2015 春号／電子情報技術産業協会）
  https://www.jeita.or.jp/japanese/assets/pdf/letter/vol13/2015_spring.pdf
・『IT Spending: From Value Preservation to Value Creation』（THE WALL STREET
  JOURNAL/CIO JOURNAL/CIO Insights and Analysis from Deloitte）
  https://deloitte.wsj.com/cio/2018/03/12/it-spending-from-value-preservation-
  to-value-creation/
・『平成 30 年 雇用動向調査結果の概要』（厚生労働省）
  https://www.mhlw.go.jp/toukei/itiran/roudou/koyou/doukou/19-2/index.html
・『世界の名目 GDP 国別ランキング・推移（IMF）』（GLOBAL NOTE）
  https://www.globalnote.jp/post-1409.html
・EV-volumes.com（EV 市場のシェア）
  https://www.ev-volumes.com/
・Statista
  https://www.statista.com/
・eMarketer（米国 EC 市場のシェア）
  https://www.emarketer.com/

企業の財務情報、株価情報
・SPEEDA｜経済情報プラットフォーム（主に国内企業の情報）
  https://jp.ub-speeda.com/
・YCharts（主に海外企業の情報）
  https://ycharts.com/

おわりに

　2019年1月、JICAの2年間のボランティア活動を終え、派遣先であるスリランカから帰国した私は、ITの最新トレンドにまったく無関心でした。ただ、ITIL® の第4版がまもなくリリースされるため、過去に出版したITサービスマネジメントの入門書『ITIL® の基礎—ITIL ファンデーション（シラバス2011）試験対応—』（マイナビ／2013年）を書き換えねばならないと漠然と考えていました。

　2019年2月にリリースされたFoundation（基礎編）と名付けられたその本を一読した時は、リーン、アジャイル、DevOpsという言葉に唐突感を感じたものの、前の版との違いをほとんど見つけることができませんでした。しかし、著書を更新するためには、その本が突然唱え始めたバリューストリーム（価値の流れ）やリーンがどこから来たのかを解明しなければなりません。源流がトヨタにあることはすぐにわかりましたが、どこをどう経由してたどり着いたのか、そのルートを探す旅が始まりました。

　私はありとあらゆるセミナーに参加しましたが、世の中はDXブームにわき返っており、AI、ビッグデータ、IoTといった言葉が飛び交っていました。調査を開始して3ヵ月が経ち、GAFAがなぜ、もてはやされるのかを調べているうちに、その第4版とDXがどこかでつながっているのではないかと感じるようになりました。そして、サービスドミナントロジックにたどり着いた時、パズルの重要な1ピースを見つけたように感じました。

　商品のコモディティ化が速い今日の市場では、サービスの価値を顧客とともに共創することが差別化の有効な手段となります。価値共創のビジネスモデルを検討する際に、サービスの提供者と消費者の関係をフラットで広がりのある存在として捉えたほうが、より自由な発想ができます。

　そしてもう1つの発見は、バリューストリームやリーンの概念はDevOpsから来ているらしい、しかもアジャイル経由でという結論に至ったことです。つまり、トヨタ→リーン生産方式→アジャイル開発→DevOpsというリーン思想の流れを見つけることができました。

　リーンについてあらためて調べてみると、「カンバン方式」の一言で片づけ

られていたトヨタの生産方式には、さまざまな知見が詰め込まれていました。そして、その知見が GAFA などの IT 先進企業の戦略に引き継がれていることに気づいた時、自分がずっと探していたパズルの最後の 1 ピースを探し当てたと感じました。世界の自動車業界を変えたリーンが、そこに息づいていたのです。IT プロセスのリーン化は IT サービスで他社を差別化するためには避けては通れない、あらゆる企業の課題になっていたのです。

　この本を出版するまでには、多くの方からの支援を受けました。とくに筆者の拙い文章をお読みいただき、貴重なご意見やご忠告をくださった、小澤徹也様、小暮謙作様、千田敏之様（五十音順）には、この場を借りて、お礼を申し上げたいと思います。また、初稿から最終稿に至るまでの膨大な数の修正依頼にご対応いただいた、技術評論社の鷹見様には心より感謝申し上げます。そしてこの期間、ずっと支えてくれた家族にも感謝の気持ちを伝えたいと思います。

　最後に、読者の皆様が DX 時代の勝者として、ご活躍されることを祈ってやみません。

2020 年 10 月

オリーブネット株式会社

官 野　厚

索　引

● 著者プロフィール

官野 厚（かんの あつし）

オリーブネット株式会社 代表取締役社長。
東北大学理学部数学科卒業後、日本ディジタルイク
イップメント、日本オラクルなど、複数のコンピュー
タ企業に勤務する。サン・マイクロシステムズ時代
に、データセンターの運用サービス認証プログラム
に従事。その後、サービスマネジメント全般のコン
サルタントとして、主に、ITIL®関連教育コースを
開発・販売・提供し、現在に至る。
2017年1月からの2年間は、JICA海外協力隊の
シニアボランティアとして、スリランカの職業訓練
学校でコンピューター教育に携わる。
翻訳書に『THE VISIBLE OPS HANDBOOK—見
える運用』（ブイツーソリューション）、著書に『ITIL
の基礎—ITILファンデーション（シラバス2011）試
験対応』（マイナビ）。

● 装丁　　　　　　　　菊池祐（ライラック）
● 本文デザイン／DTP　スタジオ・キャロット
● 本文イラスト　　　　イラスト工房
● 編集　　　　　　　　鷹見成一郎

■ お問い合わせについて

本書に関するご質問は、記載内容についてのみとさせ
て頂きます。本書の内容以外のご質問については一切
応じられませんので、あらかじめご了承ください。
なお、お電話でのご質問は受け付けておりませんので、
書面またはFAX、弊社webサイトのお問い合わせ
フォームをご利用ください。

■ 問い合わせ先

〒162-0846
東京都新宿区市谷左内町21-13
株式会社技術評論社
「DX時代のサービスマネジメント〜"デジタル革命"
を成功に導く新常識」係
FAX　03-3513-6173
URL　https://gihyo.jp

ご質問の際に記載頂いた個人情報は、回答以外の目的
に使用することはありません。使用後は速やかに個人
情報を破棄いたします。

■ 本書サポートページ

https://gihyo.jp/book/2020/978-4-297-
11734-4
本書記載の情報の修正／訂正／補足については、当該
webページで行います。

DX時代のサービスマネジメント
"デジタル革命" を成功に導く新常識

2020年12月5日　初版　第1刷 発行

著　者　　　官野　厚
発行者　　　片岡　巖
発行所　　　株式会社技術評論社
　　　　　　東京都新宿区市谷左内町21-13
　　　　　　電話　　03-3513-6150　販売促進部
　　　　　　　　　　03-3513-6177　雑誌編集部
印刷／製本　港北出版印刷株式会社

定価はカバーに表示してあります。

ISBN978-4-297-11734-4 C3055
Printed in Japan